Cultural Anthropology of Internet
インターネット
文化人類学
セブ山著
太田出版

インターネット文化人類学

セブ山

太田出版

まえがき

こんにちは、セブ山です。

インターネットを介して遭遇するヒトや出来事に対して、インタビューや実験・検証をおこない、人々がインターネットで織り成す「文化」を考察する学問。
それが本書のタイトルにもなっている「インターネット文化人類学」です。

Twitterに投稿された1枚の写真から自宅を特定することはできるか？

もしもネット炎上してしまったら日常生活にどんな影響が出るのか？

どうして人はインターネットに悪口を書くのか？

そんな「誰しも一度は考えたことがあるけど、自分では決して調べなかったインターネットの疑問」について調査してきました。個人が特定されないよう、固有名詞などを変更している部分もありますが、見たこと、聞いたこと、体験したこと、そのまま真実をまとめています。

そこには「世の中を良くしたい」とか「誰かを救いたい」といった一切の正義感はありませんので、安心して読んでいただければ幸いです。

僕が知りたいから調べただけですし、ムカついたからパクツイ野郎を騙して呼び出しただけですし、ヤレる女と出会いたいからSNSを使って探しただけです。

インターネットには人間のカスしかいないから。僕も含めて。

それではそろそろ、パソコン・スマホの画面の「向こう側」を覗きに行きましょう。

そこには、インターネットの夢と希望と悪意と欲望を1回飲み込んで吐き出したゲボカスしかありませんがあしからず。

インターネット文化人類学 目次

第2部 知られざる生態 093

第3部 ネット活用術

装画
fancomi

装丁
木庭貴信＋オクターヴ

第1部

ネットの闇

なぜ彼らはパクるのか？
パクツイ常習犯が語るTwitterの闇

みなさんは「パクツイ」と呼ばれる行為をご存じでしょうか？

パクツイとは、Twitterのつぶやき内容（ツイート）をそっくりそのままコピーする（パクる）こと。〝パクりツイート〟を略して「パクツイ」と呼ばれています。

たとえば、下のツイートを見てください。

これは、僕自身がTwitterの危険性を啓発するために皮肉を込めてつぶやいたツイートです。

セブ山
@sebuyama
「雪がすごい！」と言って自宅の窓から見える風景をTwitterにアップしてくれているおかげで、またあなたを特定する材料が増えました。ありがとう。
2013/01/14 13:49
1111 リツイート 261 いいね
2013/01/14
@sebuyama セブ山さんｗｗ一度、追いかけられてみたいです!(笑)
2013/01/14
@sebuyama こわい！

そして、左の画像をご覧ください。

まったく同じ文言を私とは違う第三者が、あたかも自分の発言かのようにツイートしています。これが、パクツイです。

＊アカウント名の箇所は画像処理しています。

しかし、彼らはなぜパクツイをするのでしょうか？　なんのためにパクるのでしょうか？　その真意を探るため、私は彼らに左記のようなリプライを飛ばしてみました。

セブ山のリプライ

@＊＊＊＊＊　このツイート、すごく面白いですね♪　笑っちゃいましたwww

「このツイート」とは、パクツイのこと。Twitterの「会話を表示」機能を使えば、どのツイートのことを言っているのか、わかるように設定されています。

パクツイを日常的におこなっていると思われるアカウント20人にこのリプライを送ってみた結果が、こちらです。

◉パクツイ常習犯20人に「面白いですね」とリプライを飛ばしたときの反応

無反応……17人

ありがとうございます！……3人

（セブ山調べ）

驚くべきことに、誰も「すみません、それパクツイなんです」と本当のことを返してくれませんでした。それどころか、「（私のツイートを褒めてくれて）ありがとうございます！」と返信してきたアカウントが3人もいたのです。

「パクツイの何がいけないのか？」と問われた際、最初に挙げられるのは、こうした他者の手柄を自分のものにしようとする行為と言えます。おそらく、無反応だった17人にも「こいつ、俺が考えたツイートだと思い込んでいるな。わざわざ訂正するのも面倒だし無視して自分の手柄にしよう」という心理が働いたのだと推測できます。

「たかがTwitter上でのつぶやきじゃないか」とあなたは笑うかもしれないが、もし、これが大きな利益を生む大発明の特許だったら……。はたしてあなたは、正気でいられるでしょうか？

問題の大きさではなく、この「他者の手柄を自分のものにしようとする行為」は、決して許されていいものではないと私は思います。

では、彼らはなぜそんな愚かな行為を繰り返すのでしょうか？　その真意を知りたい私は「ありがとうございます！」と返信してきた3人に左記のようなリプライを飛ばしてみました。

セブ山のツイート

@＊＊＊＊＊　面白いツイートをされていたのでついつい反応しちゃいました！w
今、面白い人に取材をする企画を動かしているのですが、今度、インタビューさせていただけませんか？

もちろん、嘘。

ただし、「インタビューをさせてほしい」という部分は本当です。つまり、パクツイ常習犯を直接誘（おび）き出して、本人に「なぜパクるのか？」という疑問をぶつけてみる作戦をとったのです。

すると、そのうちの1人からこんな反応が。

パクツイ常習犯のツイート

@sebuyama　マジですか!?　僕でいいんですか!?　なんか嬉しいです!!　ぜひよろしくお願いします！

彼からの返信は、悪びれる様子もなく、むしろ人に認められる喜びに満ちたものでした。

騙してしまっているのは心苦しかったのですが、

彼とはTwitterのダイレクトメッセージ機能でやり取りをして、インタビューする日を決定。「実は、あれ、パクツイなんです」という言葉を最後まで期待したのですが、結局そのセリフは聞けないまま、約束の日を迎えたのです……。

パクツイ常習犯は、どこにでもいる大学生

約束の日、とあるデパートの前で待ち合わせ。

はたして、彼は来てくれるのだろうか？　と不安を抱きながら待つこと数分。突然、後ろから声をかけられました。

「あの、セブ山さんですか？」

そこには感じの良い学生風の男性が1人。どこにでもいるような普通の男性でした。「パクツイをするようなヤツは、根暗で不気味なヤツだ」とイメージしていましたが、それとは正反対の笑顔が素敵な好青年。彼がパクツイ常習犯とは……にわかには信じがたい……。

セブ山　あ、はい、そうです、セブ山です。

パクツイ常習犯　Twitterでリプライをもらった＊＊＊＊です。はじめまして！

どうやら、本当に彼がパクツイ常習犯のようです。驚きを隠しながら、笑顔で受け答えを続けます。

セブ山　はじめまして。お休みの日なのに、わざわざ来ていただいてすみません！　ありがとうございます！

パクツイ常習犯　いえいえ！　僕も取材されるなんて初

めてなのでで、今日はワクワクしながら来ました！

セブ山　そう言っていただけると、助かります！　それでは、喫茶店に移動してお茶でも飲みながらインタビューさせてください。

パクツイ常習犯　はい！

周りから見ると、僕たちは仲の良い友だちに見えたかもしれません。しかし、その実態はパクツイ常習犯と、そいつを騙して誘き出した人間……。そんなふたりが近くの喫茶店に移動して、いよいよインタビュー開始です。

しかし、その前に、彼へきちんと謝っておかないといけないことがあります。今回の「おもしろい人インタビュー」は嘘だということです。

セブ山　インタビューを始める前に、まずは謝らないといけないことがあります。

パクツイ常習犯　え、なんですか!?

セブ山　今回のインタビューって、〝おもしろい人インタビュー〟だと思っていましたか？

パクツイ常習犯　え、まあ、はい、そう聞いていたので……。

セブ山　実は違うんですよ。騙し討ちするようなマネをしてしまって、ごめんなさい。

パクツイ常習犯　え、どういうことですか？　まだ、ちょっとよくわかんないんですが……。

セブ山　最初に、僕が〝おもしろいですね〟とリプライを送ったツイートがありますよね？　覚えていますか？

パクツイ常習犯　はい、覚えています。

セブ山　あれって、パクツイですよね。

パクツイ常習犯　……。

セブ山　……。

パクツイ常習犯　……そうです。

セブ山　ですよね。なので、今回のインタビューは、〝おもしろい人〟としてではなく、〝パクツイ常習犯〟としてインタビューさせてください。

パクツイ常習犯　え、マジっすか……。

その後、彼をなんとか説得し、絶対に個人を特定できるような表現はしないと約束して、〝パクツイ常習犯〟としてのインタビューに応じていただきました。

以下は、そのときのインタビューをまとめたものです。

ゲーム感覚でパクるパクリツイッタラーたち

＊——まず、最初にあなたがどんな人物なのか、可能な範囲で教えてください。

パクツイ常習犯　はい、僕はシステムエンジニアの専門学校に通っている学生です。20代前半の男です。えっと、こんなところで大丈夫でしょうか……？

＊——ありがとうございます。それでは、さっそくパクツイについてお聞きしたいんですが、僕があなたのパクツイに対して「おもしろいですね」とリプライを飛ばしたとき、どう思いましたか？

パクツイ常習犯　実は、以前にセブ山さんの記事を読んだことがあって、「この人、おもしろいな」って思っていたんです。だから、自分がおもしろいなと思っている人から「あなた、おもしろいですね」とリプライがきて、単純にうれしかったので反応しました。普段は、パクツイに対してリプライがきても、無視しています。

✴――パクツイでも褒められると、うれしいものなんですか?

パクツイ常習犯 もちろん、罪悪感はあります。でも、それより先に「認められた」という気持ちが勝って、「ありがとうございます」と返信してしまいました。オリジナルのツイートでもないのに、認められたと感じるのもおかしな話ですが……。

✴――どうして「それはパクツイです」と正直に言わなかったんですか?

パクツイ常習犯 そもそも僕のつぶやきはパクツイだらけなので、いつ正直に言おうかとは悩んでいました。悩みはしたんですが、それよりもセブ山さんに会ってみたかったので、正直に話して嫌われてしまうのが怖く、黙っていました……。

指摘されなければ、このままずっと黙っていようと思っていました……。

✴――そんな罪悪感があるなら、どうしてパクツイをやるんですか?

パクツイ常習犯 なんというか、コミュニケーションの一環としてやっています。今、僕がフォローしている人の大半は、パクリッツイッタラー(パクツイばかりするアカウントのこと)で、その人たちと、お互いのツイートをパクリ合って、楽しんでいます。

✴――お互いのツイートをパクって楽しむって、どういうことですか?

パクツイ常習犯 パクられる喜びといいますか、自分が選別してパクったツイートを、フォロワーさんが、さらにパクっている姿がうれしいんです。「俺の眼に狂いはなかったぞ!」っていう感じで。それに、パクられたら経験値も貯まりますし。

＊——経験値？　経験値が貯まるってどういう意味ですか？

パクツイ常習犯　実は、ツイートをパクるためのアプリがあるんです。「Shooting Star」っていうんですが、タップひとつで手軽にツイートをパクることができます。このアプリを使ってツイートすると、ふぁぼられた（お気に入りに登録された）数だけ経験値がつくんです。その経験値を貯めれば貯めるほど、課金しなくても、どんどんいろんな機能が使えるようになっていくんです。だから、RPGで勇者のレベルを上げるように、ゲーム感覚で他人のツイートをパクっています。[＊1]

＊——そんなアプリがあるなんて、知りませんでした！

パクツイ常習犯　ほかにも、iPhoneであれば「The World」とか、探せばいくらでもパクツイ専用のアプリはありますよ。[＊2]

＊——パクリツイッタラーは、そういうアプリをいつも使っているんですか？

パクツイ常習犯　たぶん、そうだと思います。そういうツールを駆使して、誰よりも早くおもしろいツイートを見つけるのを競い合っています。

＊——でも、それなら、リツイートでよくないですか？

パクツイ常習犯　う〜ん。でも、リツイートよりも、そのアカウントがつぶやいたほうが説得力があるつぶやきってありませんか？　同じツイートでも、おじさんが言っているのと、若い女の子が言っているのでは、おもしろさが変わったりするじゃないですか。そんな感じで、「僕のアカウントでつぶやくからおもしろい」みたいな感覚です。

＊——言いたいことはなんとなくわかりますが、だからといってパクツイが許されるわけではないですよね。

パクツイ常習犯　まあ、そうなんですが、そもそも僕

＊1　現在、「Shooting Star」はGoogle Play上で公開されていません

＊2　アプリ配信元は、パクツイ専用と明言しているわけではありません

はネタクラスタ(ネタ系のツイートが中心の人たちのこと)はフォローしていないんです。つまり、何が言いたいのかというと、タイムラインからパクったとしても、パクリのパクリをパクっているわけです。だから、「元ネタを知らないから、いいじゃないか」「みんながやっているからいいじゃないか」と言い訳しながら、ズルズルと続けています。

パクツイは麻薬のようなもの

*――そもそも、パクツイを始めたきっかけは何なんですか?

パクツイ常習犯 最初は、友だちの何気ないつぶやきを「かぶせボケ」の意味で、パクっていました。

それに対して友だちから「ちょwwwwwパクるなしwwwww」という返信があったりして、それを見てゲラゲラ笑う、という他愛もない友だち同士でのパクリ合いが始まりだったような気がします。

*――そこから、どうして見境なくパクるパクリモンスターに変貌していったんですか?

パクツイ常習犯 いつのころからか、パクっているうちに、だんだん見ず知らずの人にもそのパクツイがリツイートされるようになっていることに気づいたんです。そして、じわじわフォロワーも増えていって……。

*――そこからだんだんと、「フォロワーを増やしたい」という欲求に支配されるようになっていったというわけですね。

パクツイ常習犯 はい……。いつの間にかぽんぽんパクっていました。最初はがんばってもフォロワー数は400人くらいだったんですが、2ヵ月で2000人にまで増えて、その後は加速度的に増えていきました。今でも、1日100人くらい増えています。

＊――パクツイをやめようと思ったことはないんですか？

パクツイ常習犯　あります。いつも思っています。やめてその時間をほかの有意義なことに使いたいです。でも、パクツイには中毒性があって……。タイムラインを見ていて、おもしろいツイートを見つけたら、ついついやってしまいます。それが、2000RTされたりなんかすると、ドーパミンがドバドバと分泌されているのがわかるくらいの興奮が！　ネタツイートの作者じゃないけど、うれしいんです。一度味わうとやめられません。

＊――恐ろしい。なんだか、まるで、麻薬みたいですね……。でも、そんなにばんばんパクっていたら、ネタ元のアカウントに見つかって怒られたりしないんですか？

パクツイ常習犯　あります。一度、すごい人に目をつけられて、アカウントを8000個くらい大量生産されて、24時間ずっとリプライを飛ばされ続けました。そうなると、どのTwitterクライアントを立ち上げても数秒で強制終了してしまうんです。

＊――えぇっ!?　アカウントを8000個!?　それだけたくさん作るほうも大変なんじゃないですか!?

パクツイ常習犯　その方は、アカウントを大量に作るツールを自作したらしいです。だから、そこまで手間ではなかったと思いますが、そんなツールを作るくらい怒っていたってことですよね。申し訳ない……。

＊――そんな怖い思いをしても、パクツイをやめなかったんですか？

パクツイ常習犯　……そうですね、懲りずにまたやってしまいました。へへっ。

✴——やっぱり、麻薬と一緒だわ……。でも、一応、元ネタの人には悪いという意識はあるんですね。

パクツイ常習犯　もちろんあります。なので、「パクるな」というリプライが来たら、消すようにしています。でも今となっては、僕のタイムラインはほとんどがパクリツイッタラーばかりで、自分も負けずにパクツイをしたいので、いちいち構っていられないというのも本音です。パクリツイッタラーのツイートなら、それはパクられても仕方がないと思うし。

✴——う〜ん、「自分も負けずにパクツイしたい」というパクリツイッタラーの心理はいまいち理解できません……。パクリツイッタラーとは不思議な生き物なんですね。

パクツイ常習犯　あ、でも、パクるマナーとして、「ネタ元のツイートはふぁぼる」というのは守っていますよ！

✴——パクツイに、そんなルールがあるんですね。だから、なんだよという話ですが。

パクツイ常習犯　……すみません、そうですよね。

僕にはパクツイしかないんです

✴——パクツイは、自分を認めてもらいたくてやっているのはわかりました。でも、それ以外で認められようとは思わないんですか？　僕は、ほかにも承認欲求を満たす方法はいくらでもあると思うんです。たとえば、あなたはシステムエンジニアになるための学校に通っているんだから、画期的なサービスを作って多くの人に評価してもらおうとか。

パクツイ常習犯　実は、ほとんど1年目の基礎知識を勉強できていないんです……。ちょうどパクツイにハマりだした時期だったので、学校、パクツイ、バイト、学校、パクツイ、バイトの繰り返しの生活だったため、ロクに勉強できていません……。だから、僕にはパクツイしかないんです！

＊――あなたの生活サイクルには、学校とバイトに並んでパクツイがあるんですね。でも、システムエンジニアを目指しているのなら、「ものづくり」を生業にしようとする者として、パクるという行為はいかがなものかと思いますよ。

パクツイ常習犯　エンジニアとして他人の技術やアイデアをパクろうとは思いません！　でも、パクツイするようなヤツは、何をやってもパクリなんじゃないかと非難されるのはわかっているので、僕がパクツイ常習犯だという事実は墓場まで持っていくつもりです。

＊――そうですか。私はあなたが1日でも早くパクツイがやめられるように願っています。本日はインタビューにおつきあいいただきまして、本当にありがとうございました。

インタビューは以上です。

「パクツイ」という非常に狭いジャンルの話でしたが、インタビューを通して聞こえてきたのは、現代社会の裏に潜む、若者たちの「誰かに認めてもらいたい！　でも、どうしたらいいのかわからない！」という叫び声でした。

格差が広がり、明日に希望も持てずにいる若者たちは、もがき苦しみながら必死に突破口を探しています。パクツイ常習犯が、すがりつくような目で叫んだ「僕にはパクツイしかないんです！」という言葉が、とても印象的でした。今回の場合は、たまたまそれが「パクツイ」だっただけであり、社会に注目されたいと願う彼らは、ほかの行動に出ていた可能性もあるのです。もしかすると、彼らは閉塞的な社会が生んだ悲しい存在なのかもしれません……。

編集後記

本章は、2013年6月に、Yahoo!スマホガイド内のコーナー「スマホの川流れ」に掲載された記事を加筆・再編集したものです。

「パクツイ」という愚かな行為を糾弾するために書いた記事だったので、一貫して彼を悪者扱いして書きましたが、実は、このインタビュー後、僕はパクツイ常習犯の彼と一緒に昼メシを食べに行きました。

たしか、ふたりで並んで、串カツ定食を食べたと思います。そのときは、パクツイ常習犯とそれに怒る人という関係ではなく、僕たちは完全に、先輩と後輩でした。彼は、進路で悩んでいることや、上京しようかどうか迷っていること、最近彼女と別れたことなど、かなりプライベートなことまで僕に相談してきてくれました。的確なアドバイスができたかどうかはわかりませんが、僕は一生懸命、彼の悩みに真剣に答えました。

正直、パクツイ常習犯としての彼は嫌いです。

しかし、ひとりの若者としての彼はどうしても嫌いになれませんでした。

彼をなんとかパクツイから助けてあげたい。そう思い、必死に相談に答えていると、いつの間にか3時間が経っていました。串カツ屋の親父は、もう夜の営業の準備を始めています。それに気づいた僕たちは、気まずそうにお互いの顔を見合わせて、照れ笑いしました。その瞬間、彼と友だちになれたような気がしました。

お会計をすませて店を出て、別れるときに、彼は申し訳なさそうに「あの、記事にするときにはどうか僕だと特定されないようにお願いします……」と言っていました。絶対に特定されないように書くこと、記事を公開する前には必ず確認してもらうことを約束すると、彼はホッとしたように笑ってくれたことを僕は今でも覚えています。その笑顔を見て、僕は「彼の性根は腐っていない。きっと彼なら大丈夫だ」と確信しました。

それから数ヵ月後、なんとか記事がまとまり、ネット上に記事を公開すると、とても大きな反響をいただきました。正直、僕の代表作と言っていいほどの大きな反響でした。

あの日以来、彼とは会っていませんし、連絡も取っていません。でも、どこかでつながれているような気がしています。

記事公開後、久々に彼のTwitterアカウントを覗いてみました。懐かしい旧友に会うつもりで見てみると、そこには……。

パクツイ常習犯のツイート

これ俺

http://special.market.yahoo.co.jp/android/rensai...

——「スマホの川流れ」に掲載された記事のURL

えっ!!!!!???????

パクツイ常習犯のフォロワーのツイート
@＊＊＊＊＊　パクツイインタビューの記事って○○くんなの？

パクツイ常習犯のリプライ
@△△△　せやで

パクツイ常習犯のフォロワーのツイート
@＊＊＊＊＊　これ○○くんなの？

パクツイ常習犯のリプライ
@△△△　せや

パクツイ常習犯のフォロワーのツイート
@＊＊＊＊＊　これって○○くんなのか

パクツイ常習犯のリプライ
@△△△　そだよー

パクツイ常習犯のツイート
察しのいいパクリツイッタラーはすぐ俺だと分かるんだねぇ

あれ？？？？？？？？？？？？
ちょっと待って！！！？？？

パクツイ常習犯が僕だと特定されないようにお願いしますって言ってなかったっけ！？！？！？！？

パクツイ常習犯のフォロワーのツイート

@＊＊＊＊＊　俺も取材受けたい

パクツイ常習犯のリプライ

@△△△　取材受けるほどのことしないとね

パクツイ常習犯のフォロワーのリプライ

@＊＊＊＊＊　じゃあチンコ晒すか

パクツイ常習犯のリプライ

@△△△　既にやってることしても記事にならんよ。本気で記事にしてもらうならTwitterで今こういうことが流行ってますよ！　とか言ってネタを寄付して「自分もお手伝いします」って言えばホイホイと…いければいいなあ（願望）

こいつ、なんで人にアドバイスしてんの???????????????????

パクツイ常習犯のツイート

インタビューで伝えたかったこと全てが載ってるわけではないし、全てが自分の言葉じゃないけど…美味しいご飯ご馳走になったし、まぁいいや。ほっとこ。

インタビューよりも単にセブ山と話がしたかったんだけどな。

あれだけ面白い記事をポンポン生み出せる方法とかね。

就活の相談とか悩みとか話してたら結局3時間くらい話してたのかな。

セブ山さん串かつご馳走様でした。また東京でお会いしましょう^^

いやいやいやいやいや、記事公開前にこれでいいか確認したじゃーーーん!!!!!!!

パクツイ常習犯のツイート

セブちんにお礼のメールしとこ

セブちんってもしかして、俺のこと？？？？？？？？？？？？？？？？？？

●結論

クズはどこまでもクズ！

「彼の性根は腐っていない。きっと彼なら大丈夫だ」と思ったのは僕の勘違いで、パクツイして喜んでいるようなヤツはどこまでいってもカスでした。「記事にするときにはどうか僕だと特定されないようにお願いします」って言ってたのは、マジであれ何だったの⁉

もちろん、その後も彼はパクることをやめるわけもなく、あれから数年経った今でもパクツイしています。「承認欲求を手軽に満たす」という甘い蜜の味を知ってしまったら、人はなかなかそこから抜け出せないんですね。

覗いてはいけないものを覗いてしまったような気がして、僕はそっとTwitterを閉じました。インターネットの闇を覗くとき、インターネットの闇もまたこちらを覗いているのです……。

ネットに悪口を書き込むヤツらに反応することはいかに不毛な行為なのか

閲覧注意

この記事は、作家、漫画家、イラストレーター、Webクリエイター、俳優など、コンテンツや作品を生み出して世の中に発信しているすべての人たちに向けて書かれたものです。自分自身は何も生み出さないくせに、上から目線で偉そうな評論をブチかましたいだけの方は、気分を害する恐れがありますので、この章を飛ばして読むことを推奨いたします。

さて、注意書きを入れておいたので、ここからは「わざわざネット上に悪口を書き込むバカ」は読んでいないものとして話を進めさせていただきます。

どうして彼らは悪口を書き込むのか？

インターネットがここまで生活に密着すると、どれだけ素晴らしい作品を発表したとしても、必ず重箱の隅をつつくような悪口をＳＮＳ（Twitter や Facebook などのソーシャル・ネットワーキング・サービス）に書き込むヤツがいます。ものづくりをしている人たちの共通の認識として「どうして、こいつらはこんなに偉そうに発言ができるのか？」「なぜ、上から目線で生意気な口を叩けるのか？」という疑問があると思います。

答えはカンタン。そういう生き物だからです。

他人の批判を書き込むだけが唯一の楽しみの生き物。ネット上に悪口を書き込みながら死んでいく。理解しがたいかもしれませんが、そういう生き物なのです。

とはいえ、悪口を言われたり、誹謗中傷されたりすることは腹が立ちますよね。ムカつきますよね。ついつい反論したり、反応したくなるお気持ちはわかりますが、そんなヤツらを相手にすることはとても不毛なことです。

そこで今回は「**ネット上に悪口を書き込むヤツらに反応することが、いかに不毛な行為なのか**」を実験で証明してみたいと思います。

いかに「時間の無駄か」ということをその目に焼きつけてください。

自分の悪口をツイートしているヤツにわざわざリプライを飛ばしてみました。

エゴサーチ実験

実験内容は、とてもシンプルです。

「Twitter で自分の名前を検索してみて、悪口を言っているヤツにわざわざリプライを飛ばしてみます。

こちらからわざわざ絡みに行くのは精神的にとてもつらい作業ですが、今回は実験だと割り切ってがんばりました。

すると、3パターンの反応があることに気づきました。

以下、その3つの反応をご紹介します。

●反応その1

トンズラをぶっこく

悪口ツイート
頼むからセブ山インターネットやめてくれ

まず最初に、検索にヒットしたのがこちらのツイート。

彼とは一切の面識がありませんが、突然、呼び捨てで「インターネットをやめてくれ」と言われています。

もしかすると、僕がインターネットをやっているせいで未来の世界が大変なことになっており、彼はそれを阻止するために送り込まれてきたエージェントなのかもしれないので、左記のリプライを飛ばしてみました。

セブ山のツイート
@×××　なんで？

「なんで？」という、これ以上ないくらいに超シンプルなリプライ。はたして、どういう反応が返ってくるのでしょうか？

悪口ツイート
@sebuyama　エゴサキモいからやめたほうがいいよ

「エゴサ」とは、エゴサーチの略で「自分の名前で検索する行為」のことを指します。彼からの返信は「エゴサーチはキモいからやめたほうがいい」というありがたいお告げでした。

ありがたいけど……あれ？　なんだか話が噛み合ってないぞ？

セブ山のツイート
@×××　そういうのいいからなんでか教えてよ〜

再度、なぜ「セブ山インターネットやめろ」なのかを聞いてみます。っていうか「インターネットやめる」って何？　どういう状態のこと⁉

その後、彼からの返信はありませんでした。その代わり、左記のようなツイートが連発。

悪口ツイート
どうでもいいけど艦これとオモコロは早くインターネットから消えさってくれ　頼むからよ

悪口ツイート
@×××　セブ山とかいうオッサンがエゴサしてだるい絡みしてくるのでそれ自体が嫌いになったということです

> **悪口ツイート**
> エゴサきもw

トンズラをぶっこいたものの腹が立ったのか、僕自身のみならず僕が記事を書いているサイト（オモコロ）のことも批判し始めていました（なぜか「艦これ」にも飛び火）。

このように、わざわざ絡みにいくと「火に油を注ぐことになる」ということがわかりました。不毛ですね。

●反応その2

屁理屈をこく

> **悪口ツイート**
> 小野ほりでい氏の記事が大変おもしろいのでトゥギャッチをフォローしていたが、セブ山氏の記事が大変不快なのでアンフォローした。

続いては、こちらのツイート。ほかの人を褒めているように見せかけて、セブ山をバカにしたツイートです。

不快に感じたり、アンフォローすることは自由ですが、なぜわざわざインターネットに悪口を書き込むのか聞いてみましょう。

> **セブ山のツイート**
> @×××　それは自由だと思うのですが、わざわざそのことをツイートする意味を教えていただけないでしょうか？

> **悪口ツイート**
> @sebuyama　私がTwitterを始めたころのツイート入力欄には「いまなにしてる？」とあったので、今でも何したかを

時々つぶやくようにしているからです。

どういうこと？

（言ってることはわかるけど）意味は理解できなかったので「こいつ、屁理屈言ってらぁ〜」と思いましたが、要するに、**悪口ツイート自体にはなんの意味も理由もない**ということなんだと思います。べつに「セブ山のことを貶めてやろう」と思っているわけではなく、純粋に「渋谷なう」「晩メシなう」というツイートたちと同じような感覚で悪口を書き込んでいるんでしょう。彼にしてみれば、「渋谷なう」とつぶやいたら「なんで渋谷にいるんだ！　ふざけるな！」と言われたようなものなんだと思います。

「悪意がないことが一番の悪」という気もしますが、わざわざ悪意のない人間とケンカをしても何も生まれないので、このケースも「不毛である」という結果になりました。

●反応その3
無視

悪口ツイート
あなたは知ってた？　何気ないツイートをふぁぼられたら、それは愛の告白！　――トゥギャッチ togech.jp/2013/10/03/3709

この記事を見た瞬間にセブ山氏ねと思った。内容はよんでない。

3つ目は、こちらのツイート。

僕の記事について、読んでもいないのに「氏ね」[*1]と中傷されています。まあ、たしかにアホみたいな内容の記事ですが、「死ね」はいくらなんでも言いすぎでしょう……。

*1　ネットスラングで「死ね」という意味

セブ山のツイート

@××× なんで読んでないのに死ねと思ったのか教えてもらってもいいですか？

「セブ山死ね」と思った理由をたずねてみました。

これに対して、返信は一切ありませんでした。しかし、彼のTwitterアカウントは随時更新されていました。要するに、**無視された**ということです。何も返ってこない以上、ここでもまた「不毛である」という結果に至りました。

このように、自分の悪口を書き込んでいる人々にわざわざリプライを飛ばしてみた結果、特になんの成果もなく、ただただ時間を無駄にしただけでした。

でも、自分の怒りが収まるなら反応してもいいのでは？

「何も生み出さない不毛地帯かもしれないけど、逆に何も損しないなら、反応してもいいじゃん！　少なからず、言いたいことを言ったらこっちの怒りも収まるし！」と思う方もいるかもしれません。

でも、残念ながらデメリットがひとつだけあるんです。

こちらのツイートをご覧ください。

第三者のツイート

セブ山さんがエゴサして荒ぶっているようだ。ヒャッハー

しっかり見られているんですよ、第三者に。

一連の不毛な行為を見て、少なからず「あいつ、

わざわざエゴサーチしてまで反応してるぞ！　だっせ〜」と思う第三者がいるんです。

これが何を意味するのかというと、今まで自分のことを応援してくれていた人たちにまで「あいつはネットに悪口を書き込むヤッらと同じレベルだ」と思われてしまうということ。争いは同じレベルのひと同士でしか起こりませんから。

これこそが、唯一のデメリットであり、最強のマイナス要素だと私は考えます。エゴサーチして、わざわざ絡みにいく時間があるなら、より良い作品が生み出せるように努力したほうが、何百倍も有意義です。

悪口や批判を完全にシャットアウトするのもいかがなものか？

「良い意見ばかり聞いていたら、作品がどんどんダメになっていくのではないか？」という声もあります。たしかにそうかもしれません。しかし、それは「○○の部分は良かったが、もう少し○○の要素を入れてみたらもっと良くなると思う」といった、具体的な意見だった場合。そういう具体的な意見をいただけるのは、とても素晴らしいことだと思いますし、参考にするべきです。私自身も、過去に何度もそういう具体的な意見を見て、なるほどと参考にさせていただいたことがあります。

しかし、「おもんない」「無理」「意味わからへん」「惜しい」というような書き込みの場合はどうでしょうか？　おもんない理由、無理な理由などが一切書かれていない意見の場合は、参考にしようがありません。

そもそも彼らが「おもんない」「無理」といった単語しか書き込まないのは、知識や語彙がなさすぎて、自分の気持ちをうまく表現できないからです。自分の気持ちすら表現できないくせに、他人の作品は批判したいヤツらの意見にいちいち耳を貸す価値はあるでしょうか？

申し訳ありませんが、私はそういう人たちの意見は、おもんない、無理、意味わからへん、と思います。（人間的に）惜しい。

つまり、ここでも「相手にするだけ無駄」という結論に行き着きます。

たとえ、ただの悪口だとしても発言の自由ではないのか？

「発言の自由だ！　俺はそう感じたのだからそう書いた！　何が悪い！　わざわざ絡みにくるな！」と怒る方もいるでしょう。

たしかに、一理あります。仰るとおり。ごもっとも。

ということは、今こうして僕が書いていることも自由でしょう。

発言の自由だ！　俺はそう感じたのだからそう書いた！　何が悪い！　わざわざ悪口を書き込むな！

と、そっくりそのままお返しします。

そもそもさぁ、この記事自体がネットの悪口に反応しているダサい記事なんじゃやねぇの?

ひえ～! バレた～!!

これには返す言葉がございません! そのとおりでございます!

反論できないので、そろそろ今回のまとめに入りたいと思います。

最後に

今回、このようなブーメラン記事を書こうと思ったのは、最近、立て続けに「創作活動がしたいけど、悪口を言われるのが怖いから何もできない」という若手クリエイターたちに会ったからです。

正直、驚きました。

僕自身は、ネットの悪口なんて便所の落書きみたいなもんだし、野良犬がキャンキャン吠えているようなもんだと思えばいいじゃんという考えなのですが、そのことを伝えると、「いや、便所に悪口書かれていたら傷つきますよ。それに、野良犬に吠えられたら怖いし」と言われて、たしかにそうかもしれないと妙に納得してしまいました。「批判を恐れているようなヤツは創作する資格などない!」という意見もありますが、その考え方自体、古いのかもしれません。これだけ社会にインターネットが浸透していれば、昔よりもはるかに飛んでくる誹謗中傷の数が多いことでしょう。

そんな「ネットの悪口」が少なからず、彼らの創作活動の妨げになっているなら、それはとてももったいないことだと思い、ネットの悪口を相手にすることがいかに不毛なことなのか、いかにバカらしいことなのか、彼らに伝えたくてこの記事を書くことにしました。

心無い言葉に惑わされているクリエイターのみなさん、これからものづくりの世界に飛び込もうと考えている若手のみなさん。

あなたたちの「素晴らしいものを作って、この世を素晴らしい世界にしたい」という気持ちを、僕は応援しています。

あなたがノイズに惑わされることなく、素晴らしい作品を生み出すことを楽しみにしております。

編集後記

本章のもとになった記事を公開した当時、漫画家やイラストレーター、ライターといったクリエイターの方々が、「ホントにそのとおり」と賛同してくださっていました。

反対に「ネットに悪口を書くヤツら」は、めちゃくちゃ怒っていました。

記事をちゃんと読んでいただければわかるのですが、べつに僕はネット上に悪口を書く行為が悪いと言っているわけではありません。書き込まれた悪口を気にして何もできなくなることが間違っている、と言いたかったのですが、しかし彼らは「ネットに悪口を書くことはいけないことだ」と解釈して、まるで自分たちが否定されたかのように、ブチブチにブチ切れていました。

その後、3年経った今でも本章でリプライを送った「悪口を言っていた人たち」は、いまだに僕の悪口をたまにつぶやいています（エゴサーチすると定期的にひっかかる）。

あれ以来、僕は何も反応していませんが、いちど何かしらのリアクションをしてしまったら、彼らは「あんた、オイラが見えるのかい!?」と妖怪の類のように一生つきまとってきます。やはり、ネット上で悪口を言ってくるヤッツらへの正しい対処法は「見えないフリ」しかないのです。

「ネットに悪口を書き込むヤッツら」は、なぜネットに悪口を書き込むのか？

本章のなかで、ネットに悪口を書き込むヤッツらのことを「そういう生き物だから仕方ない」と書きましたが、僕がそう思うきっかけになったエピソードがあるので、ご紹介いたします。

ある日、自分の書いた記事の感想が知りたかったので「セブ山」でエゴサーチしていると、好意的な意見に混じって、めちゃくちゃボロクソに書かれているのを発見しました。

それは、記事の一部のボケを拾い上げて、無理矢理悪意のあるほうに解釈して怒っているものでした。当時の僕は「ああ、そういうふうに不快に感じる人もいるのか……気をつけないと……」と反省しました。笑ってもらいたくて書いた記事なのに、知らない誰かを怒らせてしまったとひどく落ち込んでその日は寝ました。

しかし、どうしても気になって翌日、またその人のページにアクセスしました。「まだ僕に対して怒っていたらどうしよう……」とドキドキしながら。

そして、そこにはこう書かれていました。

〇〇〇（米国発祥の某テーマパーク）が、「この夏はボクらのもの」というキャッチコピーを掲げているが、ふざけるな！　夏はみんなのものだ！　アメリカはそんなに偉いのか！

びっくりしました。

この人、冗談で言っているのかな？と思ったのですが、どうやら真剣に怒っているみたいでした。

セブ山にキレた翌日に、アメリカにキレてる……。

このときに「ああ、そうか。この世には常に何かに怒っておかないと気がすまない人がいるんだ」と理解しました。それが悪いというわけではないのですが、少なくともそういう人とは絶対にわかり合えないなと思います。だって、その人たちは「悪意」で言っているわけではなく、むしろ、「これが自分の正義だ」と思って書いているわけです。

たしかに「夏はみんなのものだ！」という主張は間違っていないんですもん。そうです、夏はみんなのものですよ。そのとおりです。何も間違っていない。でもさぁ……何も間違ってないけどさぁ……。

というわけで、「ネットに悪口を書き込むヤツらは、なぜネットに悪口を書き込むのか？」の答えは、**「ネットに悪口を書き込むヤツらは、悪口と思って書き込んでいない」**です。

彼らは彼らなりの正義があって書き込んでいるわけです。（裏を返せば、あなたがネット上に正義をふりかざしたとき、それは誰かにとっての悪口にもなっている、ということをくれぐれもお忘れなきように）

ここでも「ネットに悪口を書き込むヤツらに反応することは不毛な行為である」という結論に行き着いたところで、編集後記を締めさせていただきます。

セブちゃんの
インターネットことわざ

嫁にするなら卵アイコン

毎日、異常な数のツイートするような女は、よっぽどの暇人か、自己顕示欲の強い女と相場は決まっています。かと言って、このご時世にTwitterを触ったことがないという女もなかなかヤバい。そこで、「友だちに誘われて、とりあえずアカウントだけ作ってみたけど、よくわかんなくてあんまり更新してないんだよね」という、アイコンがTwitterの初期設定（卵のマーク）のままの女が、嫁にするには一番いいという先人の教え。

炎上したらどうなるか?

～経験者が語るネット炎上のメカニズム～

僕はインターネット上に記事を書くことを仕事にしているのですが、ネットを相手にしていると、どうしてもついて回るのが「ネット炎上のリスク」です。事実、さまざまな企業の方から「炎上しないためにはどうすればいいんですか？」「炎上してしまいそうなときの対処法はありますか？」とネット炎上について相談されることがあります。

そこで本章では、炎上のメカニズムについて掘り下げて考えてみたいと思います。

なぜ炎上が起こるのでしょうか？

そして、炎上してしまった場合、どう対処すればいいのでしょうか？

今回、ネット炎上について考えるにあたり、「過去に炎上経験のある方」3名に取材をおこなってきました。匿名でのご協力なので、どこの誰なのかというのは公表できないのですが、その方々が実際に体験した炎上エピソードを少しだけふんわりとご紹介します。(個人の特定を避けるため、意味合いが変わらない程度に詳細を変更しています)

●炎上経験者Aさん

特定の人物を名指しで批判したものの、その批判した内容は、実際はガセネタだった。事実確認を怠り、一方的な思い込みで批判してしまったことによる炎上。

●炎上経験者Bさん

とある事件で揉めていた2つの団体のうち、片側の1団体の代表者にだけ話を聞いて、インタビュー記事を執筆。敵対していたもう片方の団体から「一方の意見だけを聞いて、こちらを悪者にしたこと」に対して批判を受け、炎上。

●炎上経験者Cさん

ある芸能人が有料イベントで、Cさんが関係している団体のことを批判。その内容が事実無根のことだったので「傷ついた」とTwitterに書いたところ、その芸能人のブログが炎上してしまう。そのことでファンの怒りを買ってしまい、「イベントで冗談で言ったことをさらし上げるなんて卑怯！」「あなたにも非はあったはず！」とCさんも炎上させられてしまう。

上記の3名の方々が実際に体験した「炎上」についてのお話を総合し、ネット炎上のメカニズムをまとめました。何が原因で炎上が発生し、どうすれば鎮火するのでしょうか？　順番に解説していきます。

そもそも「ネット炎上」とは何なのか？

炎上を回避するためには、まず「炎上」とは何なのかを理解しておかないといけません。

現在、「炎上」という言葉が使われる場合、「特定の人物に対して、抗議や批判・誹謗中傷が殺到している状態」を指すことが多いです。しかし、よく考えてみてください。抗議も、批判も、誹謗中傷も、どれも性質が違いますよね。自分と考えが違う人に意見を言うことは抗議ですし、ただムカつくから「バ〜カ」と送るのは誹謗中傷です。これらをすべて一緒にしてしまっているから、「炎上」の実態が見えづらくなってしまい、「炎上って怖い」「ネットは恐ろしいところだ」と怯えることになるのです。

今回、炎上経験者にインタビューして気づいたひとつの答えが、**「ネット炎上」と「誰かに文句を言い**

たくてうずうずしているバカが大量に湧いている状態」は似ているが全然違うということです。

例えば、僕がかわいいワンちゃんと一緒に撮った写真を「この犬、すごくかわいい〜」とツイートしたとしましょう。それに対して、「私、犬アレルギーなんですが、そういう人の気持ちを考えたことありますか？　謝ってください」ってリプライがきたとします。

これって僕が悪いでしょうか？　悪くないですよね。

僕は犬アレルギーの方を否定したわけではないし、そもそも僕はそんな意図の発言をしていない。それにもかかわらず、意味を歪曲してクレームを言ってくる人たち。こういう誰かに文句を言いたくてうずうずしているバカたちがインターネットにはたくさんいて、こいつらが大量に押し寄せてくる様子は、炎上に似ています。しかし、全然別物です。

このようなケースでもよく「炎上」という言葉が使われますが、正確にはこれは炎上ではありません。ただ、バカがたくさん集まってきているだけ。

「いるいる、そういうヤツ！w」と笑っている人がいるかもしれませんが、これはあくまでわかりやすい例です。芸能人がラジオでしゃべった話を歪曲して作られた悪意のあるネットニュース。それを見て、「あいつは最低だ！」と反射的に反応している人たちも同罪ですからね。事実を自分の目や耳で確かめようともせず、ネット上のウワサだけで対象者を叩き始めたら、あなたも「誰かに文句を言いたくてうずうずしているバカ」の一員になりつつあります。くれぐれもご注意ください。

そんなわけで、自分に非がないのに多くの人に批判されている状態は炎上ではありません。

では、僕がかわいいワンちゃんをイジメている写真と一緒に「動物虐待なう」とツイートしたとしましょう。これは、誰の目から見ても明らかな「悪」ですよね。当然のように、そんなことをしたら大勢の人たちから「かわいそうだと思わないのか！」「お前は痛みがわからないのか！」と批判が殺到します。

これが、正真正銘の「炎上」です。

つまり、「**自分に非があって、そのことについて多くの人に批判されている状態**」が炎上であるということがご理解いただけると思います。

ここで言う「自分に非がある」とは、誰かの悪口をうっかり言ってしまった、という軽いものから、飲酒運転なうといった犯罪自慢まで幅広い意味を含んでいます。

わかりやすすぎるくらいわかりやすい例ですが、これで「炎上」とは何なのかがわかっていただけたと思います。

この定義に則れば、炎上経験者Cさんは「炎上した芸能人のファンから逆恨み的に誹謗中傷が殺到しただけ」なので、厳密に言うと炎上ではありません。しかしながら、自分自身が発端となって炎上が起こり、それを一番身近で見ていたので、その体験談を参考にしております。

「ネット炎上」の出火原因は何なのか？

さて、ネット炎上とは何なのかがわかったところで、いよいよ炎上のメカニズムについて掘り下げていきましょう。

まずは、一番気になる炎上の原因について考えます。

今回お話を伺った3名は、それぞれ異なる理由で炎上したわけですが、実はそこに共通点がありました。

この3名に限らず、すべてのネット炎上は、突き詰めればたったひとつの原因にたどり着きます。

それが……

「調子に乗っていたから」です。

炎上の原因は突き詰めるとすべて、これです。

逆に言うと、「調子に乗っていたから」以外の原因で炎上することはありません。断言してもいい。

たとえば、先ほどの例で僕がかわいいワンちゃんと一緒に撮った写真を「この犬、すごくかわいい〜」とツイートして、それに対して「私、犬アレルギーなんですが、そういう人の気持ちを考えたことありますか？　謝ってください」とリプライがくるのは炎上ではないと書きました。

しかし、もし僕が「この犬、すごくかわいい～　**犬と遊ばない人の気持ちが理解できない！**」とツイートしたとしましょう。それに対して、「私、犬アレルギーなんですが、そういう人の気持ちを考えたことありますか？　犬と遊びたくても遊べないんです」ってリプライがきたとします。

これはどうでしょうか？

犬アレルギーの人を批判したかったわけではありませんが、そういった方たちへ配慮を忘れていたわけですから、完全に悪いとは言い切れませんが、かなりグレーですよね。

このグレーな状況こそが、「調子に乗っている」状態なのです。

だって、純粋に犬を愛でたいだけなら「すごくかわいい～」だけでいいはずですね。わざわざ「犬と遊ばない人の気持ちが理解できない！」という発言をつけたということは、その裏には「犬のかわいさを知っている自分は勝ち組だ」という気持ちが、ごく微量ですがあったわけです。

今回インタビューした炎上経験者Aさんの場合は、「特定の人物を一方的な思い込みで批判してしまった」のがそもそもの原因です。

でも、最初から「特定の人物を一方的な思い込みで批判してやろう」と思う人はいないですよね。それなのにAさんが、特定の人物を一方的な思い込みで批判して炎上してしまったのは、「自分は絶対的に正しい」という驕りがあったからです。もし、Aさんに謙虚さがあれば、自分が得た情報は正しいのかを確認したはずです。それをしなかったのは、やはりAさんが調子コイていたからです。

今回の取材で、Aさんはそのときの自分の状態を、「あのときは、自分はこの道のプロだ、第一人者だ、と調子に乗っていました。謙虚さが足りなかったと思います。そういう部分が誤解されてしまって、炎上したんだと思います」と語ってくれました。

バイト先の冷蔵庫に入る学生は、友だちグループのなかで「俺ってヤンチャなんだぜ」と調子に乗っていたし、お客さんのことをブログで口汚く罵る店長は「俺の店の良さがわからないヤツは全員バカ」と調子に乗っていたのです。

炎上を防ぐ、唯一の方法。

それは、**調子に乗らない**ことです。

どこからが「ネット炎上」なのか？

炎上の原因がわかったところで、続いては「どこからが炎上なのか？」ということについて考えていきましょう。

炎上経験者AさんもBさんもCさんも「あっ、炎上したな」と思った瞬間がありまして、これもみなさん、共通していました。

それが、

「炎上させ師が現れた瞬間」です。

すみません、「炎上させ師」とは、僕が勝手につけた名前です。

要するに**「誰かが炎上したら自分が儲かる人たち」**のことを意味します。ゲスなゴシップを扱う節操もないメディア運営者や、三流まとめサイトの管理人など、誰かが炎上すればするほど、自分たちのところの「炎上を煽る記事」へのアクセスが伸びて、広告収入で儲けてウハウハな人たちのことです。

こういった炎上させ師たちが、こぞって自分たちのことを書き始めた瞬間に、「ああ、炎上したんだな」と思ったそうです。現に、それを機にして一気に誹謗中傷が増え、ゾッとしたと言います。

そこで僕は、炎上経験者たちから聞いた「炎上させ師」たちのサイトを遡(さかのぼ)って、過去記事を調べました。

すると、それらの記事にはある共通点があることに気づきました。

それは、「有名企業に勤めている社員」や「誰もが名前を聞いたことがある一流大学の学生」「テレビ出演などもしている大学教授」など、社会的地位が高い人たちが炎上させられているということです。

なぜ社会的地位の高い人たちがターゲットになるのかというのは、よく考えると簡単です。そのほうがよりいっそう炎上するからです。「あの企業の社員が！」「あの有名人が！」のほうが、よりセンセーショナルで、記事への流入も見込めるのです。

つまり、**炎上するにも「社会的地位」というパスポートが必要**だったんです。

みんながみんな、炎上できるわけではありません。炎上させ師は、炎上させる価値がない人のところにはやってきません。インターネット上で人気があるブロガーさんやライターさんをよ～く見てみてください。

そのことに気づいている人は、学歴や地位や名誉を一切、自慢していません。むしろ、「無職」や「貧乏」「非モテ」を売りにしています。なぜなら、「自分は弱者である」という防護服を着ておけば、炎上するリスクは最小限に抑えられるということを知っているからです。


現実世界では権威が重宝されますが、**インターネットでは弱者が強者なんです**。

「弱者が強者だ」という一文は、一見矛盾しているようにも思えますが、これが事実です。

そんなわけで、あなたが調子に乗っていても一向に炎上しないのは、あなたには炎上させるだけの価値がないからなんです。

以上を踏まえまして、導き出されるのがこちらの「ネット炎上の公式」です。

調子に乗っている×社会的地位がある
炎上させる要因　炎上させる価値

この公式が成立したときに、炎上させ師たちは、あなたを炎上させにやってきます。そして公式の解が大きくなるほど、より派手に燃え上がるのです。

炎上したらどうなるか？

炎上の初期症状は、「炎上させ師たちに記事にされる」でしたが、**炎上の第二段階「過去の発言、掘り起こし期」**がやってくるそうです。

あなたの過去のツイートや過去に書いた記事などから、さらなる炎上の燃料が探し出されてどんどん投下されます。

「炎上の燃料」とは、**過去の調子に乗った発言**のこと。

先ほど、炎上するのは「調子に乗っていたから」と言いましたが、調子に乗っている人って前からずっと調子に乗っているんですよね。

これは当たり前の話ですが、今日から急に「よし！　調子に乗るぞ！」と思う人なんかいなくて、毎日少しずつ「これくらいなら大丈夫かな？」「これくらいなら怒られないかな？」と行動や発言が過激になっていくんです。

まだ切ったばかりで水気がある木にはいくら火をつけても燃え上がりませんが、しっかりと乾燥させて灯油をかけた薪（まき）に火をつけると一気に燃え上がりますよね。このように、炎上する人は、時間をかけてどんどん乾燥して（調子コイて）、炎上する条件を自分自身で整えているんです。

炎上してから「やばい、炎上してる！　どうしよう！」と焦っても、もう遅いというお話です。

逆に言うと、まだ炎上する条件がそろえられていない人は炎上しません。

さてさて、過去の調子に乗った発言が掘り起こされて、どんどん炎上するのが炎上の第二段階ですが、まだこの先はあります。炎上経験者のみなさんが一番つらかったと仰っていたのは、こちらです。

炎上の第三段階

「あることないことを捏造されまくり期」

「炎上させ師」のみなさんは、炎上が長く続けば続くほど、みんなの興味・関心が続けば続くほど儲かるので、炎上をできれば長く続かせようとします。

でも、「過去の発言、掘り起こし期」で炎上の材料を掘り終わってしまいます。掘り起こす材料がなくなると、事実無根のことが、あたかも事実かのように書き込まれたり、記事にされたりするそうです。炎上させて日銭を稼ぐのが炎上させ師たちの生業なんですから、当然と言えば当然ですよね。

Aさんも、Bさんも、被害者であるCさんも、「事実無根」のことをあたかも真実のように書かれたそうです。そして、それが一番つらかったと仰っていました。

炎上の終わり

散々、あることないことを好き勝手に書かれた先に、ようやく炎上終焉のサインがやってきます。

それが「**ダサいヤツら後乗り期**」です。

今まで炎上対象者がいたポジションの後釜を狙おうとする人や、「私は彼の味方です！」と言って注目を浴びようとするヤッらが現れる時期のことです。こういうダサいヤツが現れだしたら、ようやく炎上の終焉なんだそうです。

たしかに、そんなセコいことをするような、「冒険する覚悟がないヤッら」が現れるということは、もう完全に「安全」な状態になっているってことですもんね。

これでようやく「炎上」の規模はピークを過ぎて、どんどん小さくなっていくわけです。

では、どうなったら完全に鎮火したと言えるのでしょうか？

この答えも、みなさん、同じ結論を出されています。

「炎上に終わりなどない」

そうです、残念ながら炎上に終わりはありません。

一度炎上したら、「あっ、炎上した人だ！」「昔、炎上していましたよね？」と永遠に言われ続けます。

実際、もう何年も前に炎上したBさんにも、いまだに「炎上したくせに！」とリプライが飛んでくるそうです。「一生、死ぬまで言われ続けると思います」とBさんは仰っていました。もしかしたら、死んでも言われるかもしれません。

ネット炎上すると実生活では何が起こるか?

さて、最後にネット炎上してしまったら、実生活にどんな影響があるのかを炎上経験者のみなさんにお聞きしました。

すると3人が口をそろえて仰るのは、

「実生活で実害は一切なかった」

ということでした。

ネット上に住所を書き込まれたり、実家の電話番号が書き込まれたりしたそうです。でも、自宅に誰かが来たり、実家への悪質な電話が鳴りやまなかったりということは一切ありませんでした(炎上経験者Aさんには1本だけイタズラ電話があったそうですが、無言電話で、すぐに切れてそれっきりだったそうです)。「炎上したら外も歩けないようになってしまうのではないかと不安だったが、いつもどおりの生活だった」と言います。

そもそも、自宅にいきなり来たり、道端で急に殴りかかってきたりするほうが犯罪行為です。そっちのほうが悪い。もちろん、ネット上で犯罪行為や公序良俗に反する行為を公開した人たちのなかには、警察に捕まったり、会社をクビになったりした人もいますが、それはもう「ネット炎上」なんていう話ではなくて、ただの「罪」です。

今回の炎上経験者3名は、べつに法律に触れることをしたわけではないので、もちろん警察に捕まったり、会社をクビになったりした人はいません。「調子コイていた」というのは、罪ではないので。

3名の炎上経験者の方々はみんな、今もTwitterやFacebookをやめたわけでもなく、引き続きインターネットを楽しんでいます。

まとめ

さて、ネット炎上について散々恐ろしいことを書いてまいりましたが、最後に結論を言わせていただくとするならば、

「炎上は怖くない」

でしょうか。

べつに炎上を推奨しているわけではなく、「普通に正しく生きていたら炎上することなんてまずないよ」ということです。

たとえ、事故のようにたまたま巻き込まれて炎上してしまったとしても、日常生活になんの影響もありませんし、炎上させ師たちは常に新しい獲物を探しているので、あなたに飽きたらすぐに次のターゲットに移動していきます。

あなたに誹謗中傷を送ってくるアカウントも、1週間後にはもう別の人の悪口を書いています。

大丈夫、炎上なんてしないから。

一番、愚かなのは、「**炎上を恐れて何もしない**」ことです。

ネット上で自分の創作物を発表したり、自分を表現したりし続ければ、インターネットはきっとあなたに新しい世界を見せてくれます。

なんだかんだ言って、やっぱりインターネットは素晴らしいと思います。素晴らしいけれど、使い方を間違ってしまうと、ときには暴発することもある……。まさにピストルと同じですね。使い方によっては、武器にもなるが、自分を傷つけてしまうこともあるんです。

ネット炎上について知ることは、インターネットの説明書を読むこと。そう思ったので、本章ではネット炎上について書かせていただきました。

あなたが、インターネットを楽しんで使えることを願っております。

ご協力いただきました炎上経験者のAさん、Bさん、Cさん、ありがとうございました。

LINE@の登場により世はまさに大「ファン抱き」時代へと突入！

みなさんは「LINE」を使っていますか？

LINEとは、無料のコミュニケーションアプリ。メッセージのやり取りや通話が無料で楽しめます。[*1] 複数人で気軽にグループチャットを使える機能や、イラストで気持ちを伝える「スタンプ」という機能がウケて、若い世代を中心に爆発的に普及しました。

そんな便利なLINEですが、そこから派生した「LINE@」というサービスが、とある業界を激震させているので、この章ではそれについてお伝えしたいと思います。

*1 契約パケット料金はかかります

LINE@とは、どういうサービスなのか？

2015年2月に株式会社LINEからリリースされた新サービス、「LINE@」。

私もリリースと同時に、アカウントを開設してみました。そして、何日か使ってみて、驚くべきことがわかりました……！

断言します！

LINE@は「効率良くファンを抱くためのツール」です！

公式の説明では「個人経営の店とお客さんとをつなぐ便利なコミュニケーションツール」とか、「ボタンひとつで情報が届く強力な告知ツール」とか言われていますが、そんなの全部、忘れてください！

全部、嘘です！（嘘ではないけど）

LINE@は、**最強のファン抱きツール**です！　ただそれだけ！

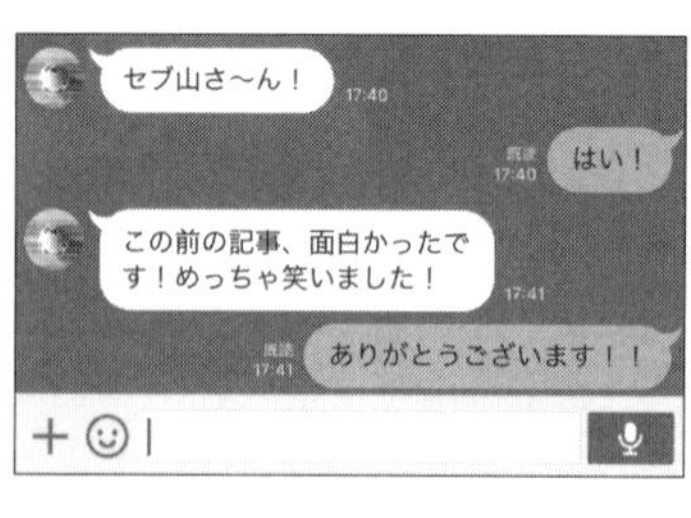

上の2つの画像をご覧ください。どちらがＬＩＮＥの画面で、どちらがＬＩＮＥ＠の画面か、おわかりでしょうか？

正解は、左がＬＩＮＥの画面で、右がＬＩＮＥ＠の画面なんです。パッと見ただけでは、どちらがどちらなのかわからないですよね。つまり、そういうことなんです。

ＬＩＮＥ＠とは、すごく簡単に言うと、**誰とでも今すぐにつながれる公開されたＬＩＮＥ**なんです。

今までも、ＬＩＮＥのＩＤを不特定多数に向けて公開していれば誰とでもつながれましたが、それだと一発で「あいつはファンを抱くために、ＬＩＮＥのＩＤを公開している」と悪い噂が流れてしまいました。しかし、ＬＩＮＥ＠は「ボタンひとつでみんなのスマホに情報が届く告知ツール」という大きな建前が用意されているので、なんの遠慮もなく、ＩＤを公開できるのです！

そう、**インターネットでそこそこ有名で、それなりにファンがいるヤツは、Twitterとかで「ＬＩＮＥ＠はじめたよ〜(^^)」とつぶやけば、いと**

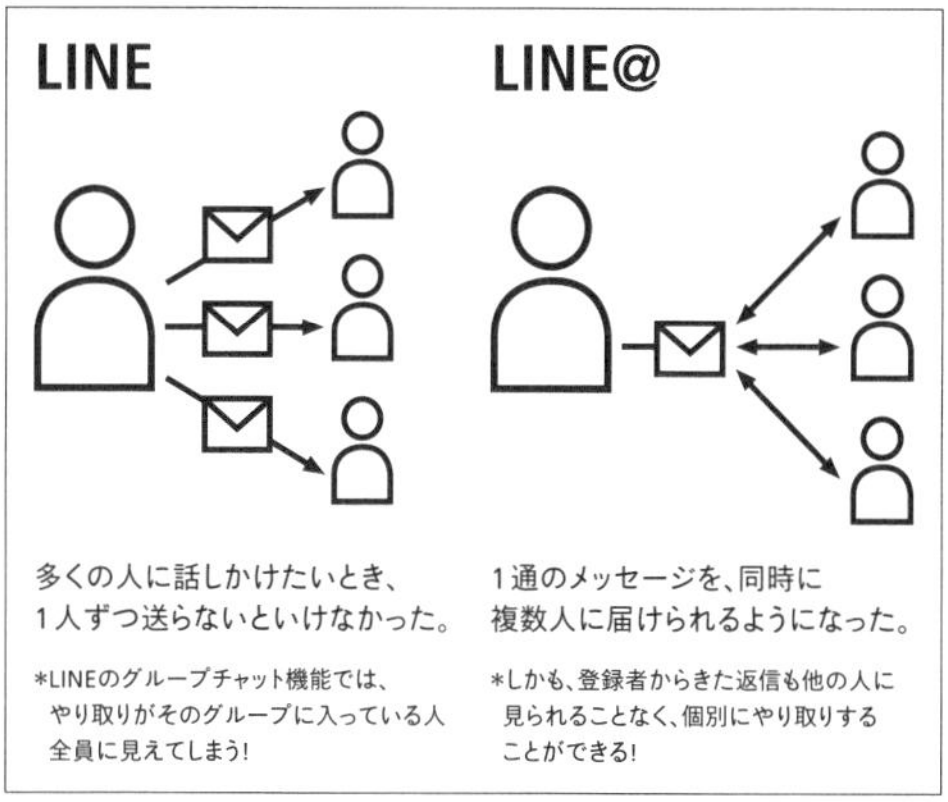

LINE

多くの人に話しかけたいとき、
1人ずつ送らないといけなかった。

*LINEのグループチャット機能では、
やり取りがそのグループに入っている人
全員に見えてしまう!

LINE@

1通のメッセージを、同時に
複数人に届けられるようになった。

*しかも、登録者からきた返信も他の人に
見られることなく、個別にやり取りする
ことができる!

も簡単にファンの女どもの直の連絡先（LINE）を知れて、閉ざされた空間でファンを抱きまくれるんです!!!!!

ほらほらほら！　ファン抱き革命が起こってるよ〜〜〜〜〜〜〜〜！！！！！

Twitterで一生懸命、相互フォローを増やして、ちまちまDMで連絡先を聞き出す行為は、完全に過去の遺物になるぞ〜〜〜！

オフパコ（オフラインでパコパコすること）のバーゲンセールや〜〜〜〜〜!!!

LINE@が「ファン抱き」に優れている3つの理由

LINE@の仕組みが、いかに「ファン抱きに適したツール」であるかがわかっていただけたと思いますが、次はさらに、LINE@が、ほかのSNSよりも圧倒的に「ファン抱きツール」として優れている理由についてご説明します。

1. 圧倒的な敷居の低さで懐に入れる

この画像をご覧ください。これは、僕の「LINE@アカウント」を友だち登録してくれた方（ファン側）のLINE画面です。

おわかりいただけますでしょうか？　リアルな友だちと並んで表示されています。LINE@アカウントを友だち登録する側にとっては、個人のLINEアカウントであろうが、LINE@のアカウントであろうが、たいして（というかまったく）差はありません。

ここまで、スッと相手の懐に入れるツールが今まであったでしょうか？　これで、Twitterで耳触りのいいポエムをつぶやいて、集まってきたファンから一生懸命なんとかして連絡先を聞き出そうとする手間が省けるわけです。

2.顔アイコンが多いからかわいい子の選別ができる

あなたがもし、ファン抱き野郎だとしたら、きっとこう思うでしょう。

「ブスのババアより、かわいくて若い女の子を抱きたい」と。

従来のツールでは、なかなか、相手がブスのババアなのか、かわいくて若い女の子なのかを見分けるのは困難でした。しかし、そんな問題をＬＩＮＥ@は一発で解決してくれました。

ＬＩＮＥ@では、半数以上が、実写の顔アイコンなんです。

「ＬＩＮＥとＬＩＮＥ@は（ファン側にとっては）ほとんど差がない」と何度も繰り返しお伝えしてきましたが、そもそもＬＩＮＥは閉ざされた空間なので、友だちと連絡をつけやすいように、実写アイコンにしている子が多いんです。「Twitter のアイコンを顔写真にするのは怖いけど、ＬＩＮＥなら……」という感覚で、自分の顔を認識できるものにしている子が多いみたいです。

ファン抱き野郎にとっては、最高のシチュエーションですよね。わざわざ「似顔絵を書いてあげるから最近撮った写メ送って～(^^)」と遠回しなメッセージを送る必要がなくなるのですから。また、そもそもＬＩＮＥ自体を使っている層がかなり若いので、待ち合わせ場所にババアが来る失敗も最小限に抑えられています。

ただし、最近はSNOWというどんなブスでもかわいく写る悪魔のアプリが流行しており、たとえ実写アイコンでかわいかったとしても、直接会うまでは本当にそれがその子の真実の姿なのかはわからないので、用心は必要です。（一説によると、SNOWで撮った写真をLINEアイコンにしてるヤツは全員ブスだそうですが、これについては現在調査中です）

3.ネカマが少ない

ファン抱きで一番怖いのは「ネカマ」です。

ネカマとは、ネット上で性別を偽る人のこと。てっきり女の子だと思って口説いていたら、実は男だった……そのやり取りをネット上にさらされた……。ファン抱き野郎は、日々、そんな恐怖と戦っています。

しかし！　LINEは、普段使いのツールです。リアルな友だちと使うツールなので、その場でネカマになる意味も理由もないんです。

つまり、**LINE@にネカマは、皆無なのです！**

「ネカマ」という恐怖から解放された場所。それがLINE@です！

お前（セブ山）もどうせファン抱きしてんだろ？

こういうファン抱き行為に対して言及した文章を書くと、「結局はどうせお前もファンに手を出してんだろ」「ファン抱きクソ野郎の手法や心理を知りすぎている。ってことはお前も……」という誹謗中傷は絶対に飛んできます。

そんなことは百も承知です。あらぬ疑いをかけられるのも覚悟の上です。そんなリスクを取ったとしても、僕は「LINE@を使ってファンに手を出そうとする輩が今後増えるから、若い女の子は気をつけてね」と伝えずにはいられなかったんです……。

なぜなら……

今日だけ本音を言わせてもらいますけど……

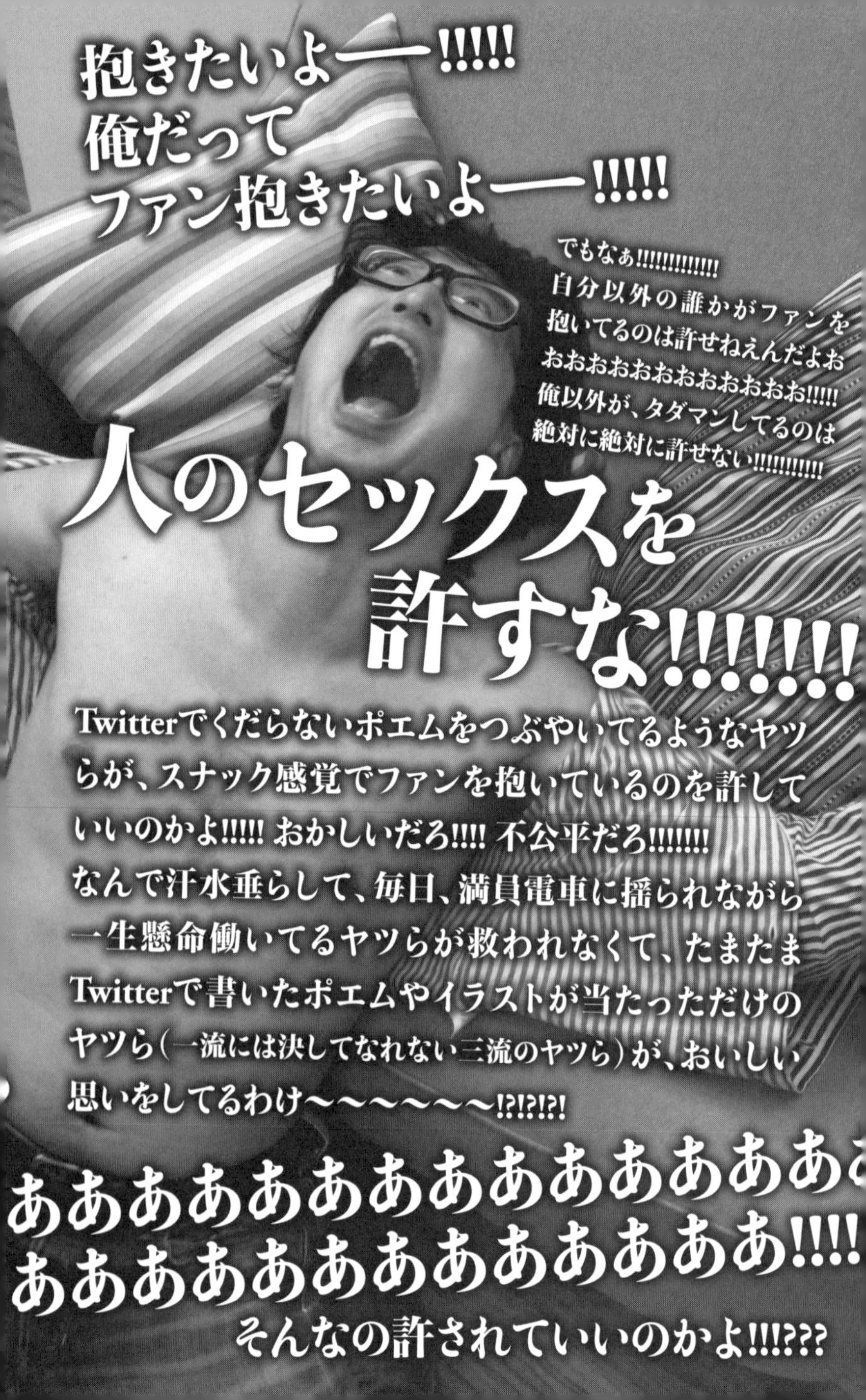

抱きたいよーー!!!!!
俺だって
ファン抱きたいよーー!!!!!

でもなぁ!!!!!!!!!!!!!
自分以外の誰かがファンを
抱いてるのは許せねえんだよお
おおおおおおおおおおおお!!!!!
俺以外が、タダマンしてるのは
絶対に絶対に許せない!!!!!!!!!!!

人のセックスを許すな!!!!!!!

Twitterでくだらないポエムをつぶやいてるようなヤツらが、スナック感覚でファンを抱いているのを許していいのかよ!!!!! おかしいだろ!!!! 不公平だろ!!!!!!!
なんで汗水垂らして、毎日、満員電車に揺られながら一生懸命働いてるヤツらが救われなくて、たまたまTwitterで書いたポエムやイラストが当たっただけのヤツら(一流には決してなれない三流のヤツら)が、おいしい思いをしてるわけ〜〜〜〜〜〜!?!?!?!

ああああああああああああああああああああああああああああ!!!!

そんなの許されていいのかよ!!!???

うわぁああああああ
あああああああああ
ああああああああ!!!!!

おい、今、この本を読んでいるお前!
お前に語りかけてるんだよ!!!!
お前はそんなに軟弱なヤツだったのか
もっと怒れよ!

あいつらを殺せ――――――――!!!!!!!
ファン抱きを許すな!!!!!
タダマンを殺せ殺せ殺せ――――――――!!!!!!!!

お前がAVのサンプル動画でセコいオナニーしている
間に、あいつらは若い女を雑に抱いてるんだぞ!!????
なんで正気でいられるんだよ!!!!!?????
もっと怒れ!!!!! ブチ切れろおおおおおおおお!!!!!!
殺せ殺せ殺せ!!! LINE@を始めたネットの人気者は
みんな殺せえええええええええ!!!!

あああああああああああああああ
あああ!!!!!!!!! 殺せえええええええええええ
えええええええええええええええ
! ファン抱きしているヤツは全員死刑いい
いいいいいいいいいいいいいいいい
いいいいいい!!!!!!!!!!!! 俺が許

僕らはこれからLINE@とどうつきあっていけばいいのか？

すみません、取り乱してしまいました。

いろいろ書いてきましたが、**LINE@は素晴らしいサービスです**。LINE株式会社が推奨しているように、個人経営のお店やフリーランスで働く人たちが、集客や宣伝などに正しく活用すれば、とてつもなく便利なツールになるでしょう。そんな素晴らしいサービスだからこそ、それを使う我々がダークサイドも知っておく必要があると思い、こういった（少しイジワルな）記事を書かせていただきました。

決して、LINE@にイチャモンをつけたかったわけではありません。「それを悪用しようとする性のバケモンたちは、あなたのすぐ側にいるんだよ」と少しばかり警鐘を鳴らしました。

くれぐれも気をつけて、楽しくLINE@を活用しましょう。

LINE@の益々のご発展を願っております。

それでも悲しい目に遭ってしまったら……？

これだけ警告しても、「あの人は大丈夫」「私だけは特別」と思って、くだらないファン抱き野郎にほいほい近づいて、ヤツらの餌食になってしまう女性もいるでしょう。そんなときはどうしたらいいのでしょうか？
その答えが、ひとつだけあります……。

こちらのＱＲコードをＬＩＮＥアプリで読み取ると「セブ山のＬＩＮＥ＠」が表示されるので、「友だち追加」ボタンを押してください。
そう、これは**僕（セブ山）のＬＩＮＥ＠のアカウントに登録するためのもの**です。あなたの「ファン抱かれ話」を僕に話して、鬱憤（うっぷん）を晴らしましょう！

解決法は、それしかない！
あまりにも悪質な場合は、全面バックアップで復讐のお手伝いをしますよ！
世間に公表して社会的に殺しましょう!!
僕はそういう下世話な話を食べて生きる妖怪なので！
それでは、みなさまのご登録をお待ちしておりま～～～す！

編集後記

この章のテーマとなっているのは「ファン抱き」ですが、そもそも僕たちは芸能人やミュージシャンではないので、読者のみなさまのことを「ファン」と呼ぶなんておこがましいのですが、ここでは便宜上そう呼ばせていただいています。

これは僕が天狗になっているわけではなくて、どんなヤツでもネット上でイラストなり一言ネタなり、とにかく何かしら「発信」している人には少なからず「ファン」はつきます。これはもう本当にマジ中のマジな話で、どんなにブサイクでも、どんなに性格が悪くて、どんなにクソ寒いヤツでも、ファンはつきます。嘘だと思うなら、ぜひあなたも毎日 Twitter にあるあるネタとか駄洒落イラストなんかをつぶやいてみてください。数ヵ月経ったら、絶対にあなたの「ファン」を名乗る人物が現れるはずです。インターネットの発達により、そういった狭いコミュニティが今日もどこかで誕生し、無数のファンが生まれ続けています。

そんなわけで、「どんなヤツでも必ずファンはいる」ということをおわかりいただけましたでしょうか？

ファン抱き情報を募った結果

さて、２０１５年2月に公開したこの記事の最後で、僕は「ファン抱き情報」を募集しました。その結果、数十件のタレコミ情報がございました。

「集まったファン抱き情報を全部ブチまけて、インターネットに蔓延（はびこ）るファン抱きクソ野郎どもを一斉掃除してやる！」と思っていたのですが、いざ蓋をあけてみると、ファン抱き野郎として名前が挙がっているのは「誰それ？」というヤツばかりでした。

なんとなく、僕としてはTwitterのフォロワーが数万人いるビッグネームの情報が集まってくると思っていたのですが、実際はフォロワー3000人くらいのヤツらばかりでした。普通にTwitterを使っている一般ユーザーのフォロワー数は、多くても100〜200人くらいです。それを考えると3000人はたしかに多いのですが、何かしらの発信者としてTwitterを使っている人にとっては、やっぱり少ないです。小物です。

くしくも、この結果は「**ファンがたくさんいる人はファンに手を出さない。逆にファンが少ないヤツらは、積極的にファンに手を出す**」ということを証明する結果になりました。

なぜ彼らはファンに手を出すのか？

ではなぜ、ファンが少ないヤツほどファンに手を出すのでしょうか？

まずは「ファンが多い人はなぜファンに手を出さないのか」について考えてみましょう。

ファンが多い人は、要するに結果が出ている人です。本気で創作活動で食っていこうと思っている人は、遥か高みを目指しています。そういう人たちは、自分自身が名を広めた先の風景が見えています。だから、こんなところ（まだ何者でもない段階）で、しょーもないヤリマンを抱いて「あたい、あの人に抱かれたんだわさ」と暴露されるリスクなんか取るわけがないんです。

それに対して、ファンが少ないヤツは、志も低い。たまたま何かがヒットして、フォロワーが少し増えて、チヤホヤされているだけ。ただ、それだけです。そんな中途半端な「お山の大将」は、べつにそれでメシを食っていこうとも思っていないし、今の居場所が心地いいんです。そこで、ちょっと「ファンなんです」と声をかけられた日にゃもう、ボッキンキンなわけですよね。そういうヤツらは「今までの人生で一度もモテてこなかった」と相場は決まっているので、ホイホイとファン抱きしてしまいます。

これが、インターネットのカスがいとも簡単にファンを抱いてしまうメカニズムなのです。

正しいファンの抱き方・抱かれ方

とはいえ、ファンを抱きたい夜もあるでしょう。

ファン抱きがいかに地獄への入り口なのか説明してきましたが、ファン抱きのすべてを否定するわけではありません。めちゃくちゃかわいい22歳くらいのハーフの女の子に、目をウルウルさせながら「あ、ああ、あの、私、大ファンで、あの、その、どうしよう、しゃべりたいことがいっぱいあるのに緊張してしゃべれない、ごめんなさい、とにかく大好きです、あなたの作品に出会ったおかげで私の、じ、じ、人生が変わりました！　あの、あの、本当に大好きです!!!」と言われたら、誰しも必ず「うわ〜抱きてぇ〜！」と思うでしょう。俺だって思う。いや、抱く。「抱きたい」ではなく、抱く。ごめん、さすがにそんな超いい子が来たら抱くわ。抱かないと失礼。

でも、「人生救われたって言っているし1回くらいいいよね」というそんな半端な気持ちじゃ抱かない。「俺はこいつを幸せにする」、それくらいの覚悟を持って抱く。「正しいファンの抱き方」があるとするならば、ファンではなく「ひとりの女性」として抱く、ではないでしょうか。

いや、もともとひとりの女性なんですよファンも。

でも、そういう話じゃなくて、結局、「ファン」はどこまでいっても、ファンなんですよね。その壁を破って、「ひとりの女性」として、誠意を持って向き合って、真心こめて抱いたら、誰も文句は言わないと思うんです！

ファンを抱くとき、「暴露されたらどうしよう」「ＬＩＮＥのやり取りが流出したらどうしよう」と考えてしまうと思います。心配ですよね。お気持ちはわかります。そんなときは絶対に抱いちゃダメです。だって、あなたはその子のことを信じていないんですもん。

逆に言えば、「この子にだったら裏切られてもいい」「この子にならLINEのやり取りを流出されても本望だ」という覚悟がないとファンは抱いてはいけないと思うんです。

それだけの覚悟があるなら、その子はもう自分にとってはファンではなく、ひとりの女性です。

「たとえ、地獄行きになったとしても、この子を抱けるのなら俺は喜んで地獄に行く」という覚悟を持って抱く。これが唯一存在する正しいファンの抱き方だと思います。

その覚悟が持てないなら、ファン抱きなんかやめておけ!!

決して「この子は俺を裏切らないだろう」「この子なら信じていいだろう」という気持ちで抱くな!

ファンは裏切る！　ファンは絶対に絶対に絶対にお前を裏切るからな！

ファン抱きは、射精の瞬間に性の喜びを感じられるだけで、あとはリスクばかり。ファン抱きはコスパ最悪。それでも抱きたいのであれば、どうぞご自由に。

一方で、どうしても憧れのあの人に抱いてもらいたいというスケベ女も存在すると思いますので、「正しいファンの抱かれ方」についても言及しておきます。

この場合の答えはカンタンで、「ファンであることを明かさずに近づく」です。あなたが「ファンです」と口にした瞬間に、ネット有名人はあなたの存在を永遠に「ファン」というフォルダに入れてしまいます。「ファン」と「ひとりの女性」との間には決して越えられない壁がある。

なので、決してファンであるとは公言せずに、なんとかしてネット有名人に接触してください。あたかも偶然のように。そしたら、あなたは「ひとりの女性」というフォルダに区分けされるので、そこからは通常どおり、恋愛を楽しみながら「ファン抱かれ」を目指してがんばってください！「ファン抱きではない」「たまたま出会った女性と恋に落ちただけだ」という言い訳をネット有名人に与えてあげるだけで、いとも簡単に「ファン抱かれ」されることでしょう。


「ファン抱きか？　欲しけりゃくれてやる。探せ！　ファン抱きのすべてをインターネットに置いてきた！」


これはかの有名なファンダキ・D・ロジャーが死に際に放った一言です。

今日もネット有名人たちはファン抱きを目指し、夢を追い続ける。

世はまさに、大「ファン抱き」時代！

ある日、突然「ネタ画像」としてネットで拡散されるということ

インターネットでは、ときに常識では考えられないアンビリバボーなことが起こります。今まで普通に生きてきたのに、ある日、突然、自分自身が「ネタ画像」の一部にされてしまう。そんなことが当たり前に起こってしまう場所です。

「ネタ画像」とは、テレビ番組のワンシーンや、誰かが個人的にアップした写真など、とにかくインパクトがあり、1枚で笑える写真を指します。

たとえばこちらの画像。（画像1）

画像1
Google画像検索画面より

これは、2ちゃんねるによく貼られるネタ画像のひとつで、さまざまなタイプの女性が女性専用車両についてのインタビューに答えているものです。

そんな画像の4コマ目で「**私は特にどこでもいいです**」と答えている彼女の正体が、最近になってようやくわかったと話題になっていました。こういったネタ画像に写っている人物の詳細が判明することは、非常に珍しいケースです。

ネットニュースによると、彼女の正体は関口愛美（せきぐちあいみ）さん。なんと現在はアイドル活動をされている方だそうです（女性専用車両についてのインタビューを受けた当時はまだ一般人）。

彼女のように、ある日突然ネタ画像になって、インターネットのあちこちに自分の写真が貼られたら、一体、どうなるのでしょうか？　実際に本人に聞いてみることにしました！

関口愛美とは何者なのか？

＊——本日はよろしくお願いします。

関口　はい！　よろしくお願いします！

＊——まずは、関口さんが一体何者なのか教えてください。今どんなことをされているんですか？

関口　現在は、YouTubeを中心にさまざまな活動をしています。ほかにも、テレビやイベントでレポーターをしたり、アシスタントをしたり。また、VRアーティストとして、VR（ヴァーチャルリアリティー）の空間に3Dの絵を描く活動もおこなっています。

＊——いろいろな活動をしているんですね。ところで、関口愛美っていうのは本名ですか？

関口　はい、本名です。ちなみに、芸名は「せきぐちあいみ」というひらがな表記を名乗っています。

＊——今はおいくつなんですか？

関口　1987年生まれなので、29歳です。（2016年現在）

＊——あの女性専用車両インタビューのときはおいくつだったんですか？

関口 えっと、たしかあの画像は18歳くらいのときだったと思います。

＊――じゃあ、今から11年前くらいですね。当時はすでに今のようなアイドル活動をしていたんですか？

関口 いや、全然です。ダンスやお芝居を本格的に習いだした……くらいの時期でした。

＊――じゃあ、あれはテレビ局の仕込みとかじゃなくて、完全なる偶然なんですね。

関口 そうなんですよ！ たまに〝仕込みだったんだろう〟って言われるんですが、それなら化粧して出るわって言いたいですよね。あれ、スッピンだし！ 顔もパンパンだし！

＊――そうですか？ 十分、かわいいですけど。じゃあ、何がきっかけでアイドルを目指したんですか？

関口 う～ん…ちょっと、重い話になっちゃうかもしれませんがいいですか？

＊――大丈夫です。僕は重い話が大好物なので。

関口 実は私、学生のころ、イジメられていたんです。……って言っても、靴を隠されたり、トイレに閉じ込められたりする程度だったんですが。

＊――いやいや、それ、なかなかのイジメですよ!?

関口 本当につらくて、そのストレスで頭がハゲたりしました。

＊――えー……。

関口 そんなとき、たまたま知り合いに誘われて舞台に上げていただく機会があって、何気なく参加してみたんです。

＊――ほうほう。

関口 そこでは、邪念なくみんなでひとつになって、真っ直ぐな気持ちで作品づくりができてすごく楽しかったんですよね。それまで存在価値がないと思っていた自分を観て、お客さんが楽しんでくれたり、喜んでくれたりしていて、私自身がとても幸せな気分になったんです。そこで、こういうのをやって生きていきたいって強く思うようになったのがきっかけですね。そこから踊りや、グラビア、歌など、みんなに楽しんでもらえるならなんでもやっていきたいと思って今の活動を始めました。

＊――うっ……ううっ……。

関口 あれ？　セブ山さん、泣いてます？

＊――めっちゃええ話や～ん！　深いい話～！　じゃあ、あの写真が話題になっていたのは全然関係ないんですね。

関口 まったく関係ありません。そもそも最近まで、そんなに話題になっているなんて知りませんでした！

＊――えっ！　そうなんですか？

関口 当時、友だちに「2ちゃんで出回ってるぞ」って教えてもらったんですが、「**ふーん、そうなんだぁー**」くらいの感想でした。

＊――特に気に留めていなかったんですね。

関口 そこから数年間は特に2ちゃんねるにも貼られることなく、自分でもすっかり忘れていました。

＊――え？　じゃあ、なんで最近になってまた広まったんですか？

関口 どうやら、おもしろ画像などをまとめたアプリが出てきたことで、時を経て、再びネット上にバーっと広がっていったみたいです。

＊――なるほど！　スマートフォンのアプリの普及によって、過去のネタ画像が掘り起こされたわけですね！

関口 それで、知り合いがTwitter上であの画像について言及していたので、そういえばそういうのもあったなと思い出して「それ、私なんだよ～」と何気なくリプライを送ったら、そこからフォロワーさんが「そうだったんだ⁉」と騒ぎだして、ニュースとして一気に広がっていきました。

＊――なんかすごいですね。これぞ、インターネットって感じがします。

「ネタ画像」としてネットで拡散されて良かったこと

＊――あの画像が話題になったおかげで良かったことってありますか？

関口 やっぱり、関口愛美を多くの人に知ってもらう機会が増えたことですね。こうしてインタビューしていただいているのも、あの画像のおかげですし。

＊――たしかに、僕もあの画像がきっかけで関口さんのことを知りました。

関口 そうですよね。いろんなメディアで記事にしていただいたおかげで、知っていただけることが増えたので感謝しています。あと、ネットはそこまで詳しくないんですが、YouTubeに動画を投稿したりしているので、Googleの勉強会に呼んでいただいたときに……

✷——ん？　Googleの勉強会？　なんですか、それ？

関口 Google主催で、YouTubeの動画再生数が多い配信者を集めて、もっとこうしたら再生数が伸びるんじゃないかとかを学ぶ勉強会があるんです。

✷——えー！　そんな集まりがあるんだ！　知らなかった！

関口 そこに呼んでいただいて、ほかのユーチューバー[＊1]のみなさんと「何か一緒に作ろうよ！」と盛り上がったり、実際に合作を作るために動いたり、そういう新たな出会いや交流が生まれたのが、良かったですね。

✷——なるほど。逆に、嫌だったことはありますか？

関口 う〜ん、特に嫌だったことはないですね……。そもそもあの画像では、私はかわいい扱いだから……。

✷——たしかにそうですね。あの画像では、関口さんはかわいい女の子のポジションですよね。

関口 だから、いまだに1〜3コマ目の方々に申し訳ない気持ちでいっぱいです。それもあるので、あんまり自分からは「これ、私で〜す！」とは言いたくないんですよね……。

✷——え？　どうしてですか？

関口 だって、自分で自分のこと「かわいい私を見て！」って言っているのと同じじゃないですか。

＊1 YouTubeで動画を配信している人のこと。中には動画配信だけでメシを食っている人もいる

＊——え〜？　でも、アイドル活動しているってことは自分のことをかわいいって思ってるんでしょ〜？　ん〜？　どうなの〜？　そこんとこ矛盾しているんじゃないの〜？

関口　いや、それなんですけど、私は自分でアイドルって名乗ったことは1回もないんです。「みんなを楽しませたい」という目的でいろんな活動をしているだけなんですが、結局、そういうことをしている女性を一言で表すと「アイドル」って呼ばれちゃうんですよね。

＊——なるほど。だから、自分ではアイドルとは名乗らないわけですね。

関口　はい。私自身は、自分のことはかわいいとは思っていません。**風俗で来たら「当たり」くらいだと思っています。**

＊——えっ！　関口さん、風俗で働いているんですか!?　どこですか!?　どこのお店ですか？　行きます！

関口　いやっ、あの、例え話です……。風俗では働いていません。

改めて聞く、女性専用車両は必要か？

＊——根本的な質問なんですが、あの画像はそもそもなんなんですか？

関口　あれは「今日から女性専用車両が始まりましたが、どこに乗りますか？」って聞かれたときのニュース番組のひとコマです。

＊――ああ、だから「**私は特に どこでもいいです**」ってテロップが書かれているんですね。実際、当時は本当にそう思っていたんですか？　テレビ局のスタッフにそう言ってくれって言われたわけではなく？

関口 はい、あれが本音です。私はけっこう痴漢に遭うほうなので、痴漢を減らしたいんですが、女性専用車両については、あれが私の意見です。

＊――え！　痴漢によく遭うんですか!?　じゃあ、なぜ「私は特に どこでもいいです」なんですか？　女性専用車両に乗ったほうがいいんじゃないですか？

関口 う～ん、べつに女性専用車両に反対しているわけではないんですよ。でも、そういうのを作っても痴漢常習犯は、形を変えて痴漢行為をやると思うんです。だから、**女性専用車両を作った＝痴漢がなくなる**ではないような気がするので……。

＊――なるほど。

関口 私としては、女性専用車両がなくても痴漢がない社会であってほしいと願っているんですが……でも、なかなか難しいですよね……。

＊――ちなみに、関口さんが痴漢に遭遇した場合、どう対処しているんですか？

関口 そういう場合は、**相手のお腹にひじ打ちをするようにしています**。そうすると大抵、ビビってそそくさと次の駅で降りていきます。痴漢じゃなかったら「痛いなっ！　何するんだよ！」って怒るはずなんですが、今まで一度も怒られたことはないです。

＊──捕まえないんですか？

関口 今まであまりにもしつこかった痴漢は捕まえたことがあります。２人。でも、やっぱり冤罪が怖いので、なかなか最終的な「この人、痴漢です！」までは……。

＊──そっか。たしかに冤罪で捕まえてしまうのは、怖いですもんね。

関口 でも、まあ、ひじ打ちとか捕まえるとかまでいかなくても、大抵、睨んだら次の駅で降りていきますよ。

＊──睨んだら？　関口さんはどんな感じで睨むんですか？

関口 こんな感じです。（画像２）

画像2

＊──わっ……たしかにそんな目で睨まれたら、痴漢じゃなくても次の駅で降りたくなるな……。

関口 だから、まあ、女性専用車両はそんなに関係ないんじゃないかなって思うんです。でも、**睨んだりひじ打ちしたりする勇気がない人もいるから、女性専用車両も必要**なんだとは思うんですよ。でも、私自身が乗るのは「特にどこでもいいです」って思います。

＊――なるほどね。否定でも肯定でもどちらでもないんですね。

関口 そうなんですよね。でも、どうやら私が女性専用車両に反対していると誤解されているらしくて、以前に、男性から「僕も女性専用車両に反対しているので署名してくれませんか？」ってメールが来たんですよね……。

＊――え、どう対応したんですか？

関口 いや、私は反対しているわけじゃないよって思ったし、反対している人の理屈もよくわからなかったので、無視しました。

＊――うんうん、それがいい。

関口 だから、私の意見としては、加害者も痴漢行為はやめる。被害者も怒る勇気を持つ。そうして、1人ひとりが気をつけたら、痴漢はなくなると思うんです。なかなか難しいのはわかりますが、そういう世の中であってほしいですね。

＊――なるほど。それでは、最後にひとつだけ質問させてください。

関口 はい、なんでしょうか？

＊――「私は特にどこでもいいです」と答えてから、随分と月日が流れましたが、**今の関口さんは女性専用車両に乗りますか？　乗りませんか？**

関口 私は……

女性専用車両
あの女性は今——
私は特に どこでもいいです

関口さんのお話を聞いて思ったことは、「ネタ画像として拡散されて『良かったこと』は、たくさんあったものの、『悪かったこと』はそんなにないな」でした。（ネット上で変なヤツに絡まれるのは、インターネットでは日常風景なので「悪かったこと」には入れません）

僕も、よく「ネットで顔出しをして怖くないんですか？」と聞かれます。

その質問には毎回「全然怖くないです」と答えます。関口さんと同じようにメリットはたくさんあっても、デメリットはひとつもないからです。

おっぱいパブに行った際に、自分についた女の子が「セブ山さんですよね？　いつも記事読んでます！」と言ってきたときはさすがに「ネットで顔出しするんじゃなかった……」と思いましたけど、それ以外は一切後悔するような出来事はありませんでした。なんなら、そのときですら「私、あんまり、これはやらないんですけど……」と言いながらベロベロと耳舐めサービスをしてくれたので得しました。

話がそれたので元に戻しますが、自分が「ネタ画像」にされてネットで拡散されたところで、実害はほとんどないんですよね。ただ、怖いなと思うのは、「ネットで顔出しをして怖くないんですか？」と質問してくる人たち自身が、ネタ画像の拡散に手を貸しているということです。

自分は「ネットで顔出しをするのは怖い」と思っているのに、他者のモロに顔が出ている写真はおもしろがって拡散するわけです。そこに写っている人が勝手にネタ画像にされている、ということがわかっているにもかかわらず。

でも、これってべつに悪意があるわけじゃないんです。

ネタ画像はネタ画像であり、そこに人間の血は通っていないと思っているからできることなんですよね。まあ、画像なので血は通ってはいないんですが、要するに、そのネタ画像の向こうに「生身の人間がいる」っていうところまで意識がいっていないんです。

それが悪いと言ったところでどうすることもできないので、もし、あなたがある日、突然「ネタ画像」にされてしまったら、そのこととどうつきあっていくかを考えたほうがいいのかもしれません。

セブちゃんの
インターネットことわざ

自撮り女に いいねをつけているのも また自撮り女なり

自撮り写真をいつも投稿している女にいいねをつけているのは、自撮り女をチヤホヤしておこぼれセックスに与ろうとしているおっさんなのかと思いきや、よくよく見ると、同じような自撮り女であった。結局、自撮り女は男に向けて自撮りしていたのではなく、女性グループの中でのマウンティングのために撮っていたという民話が転じてできたことわざ。

知られざる生態

第2部

チャットレディ　なぜ彼女たちはネットで裸を晒すのか？

みなさんは、最近、何をオカズにシコっていますか？　アダルトビデオで？　エロマンガで？　それとも、逆にグラビアアイドルのイメージビデオで？　どれも素晴らしいですね！　最高です！

しかし、私は最近、チャットレディの生配信にドハマり中です。


「チャットレディ（アダルトチャットレディ）」とは、インターネットの生配信サービスを使って、エッチなトークをしたり、おっぱいをチラ見せしたりしてくれる女神たちのこと。いつも鮮度の高いズリネタを提供してくれます。**しかも、そのほとんどの動画を、無料で視聴することができます！**　そんな女神たちのおかげで、僕は毎日、シコシコと大忙しです！

でも、ふと気になったのですが、彼女たちは、一体どんな「動機」でチャットレディをやっているのでしょうか？

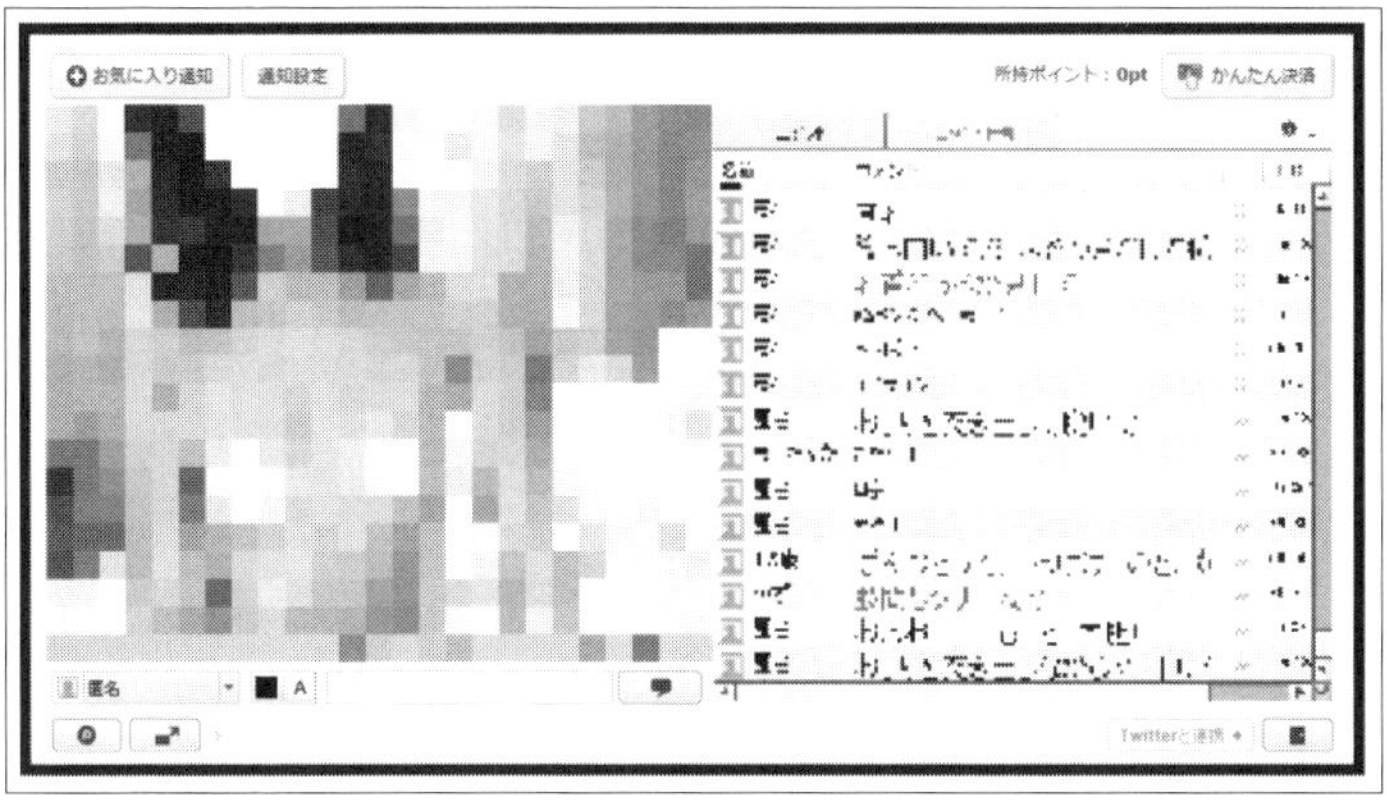

お気に入り通知
通知設定
所持ポイント：0pt
かんたん決済
匿名
Twitterと連携

ただ純粋に、淫乱のド痴女だから、裸を見られて興奮するため？

（だとしたら夢がある！）

それとも、規格外に儲かるから、お金のために脱いでいるの？

（だとしたらいくら儲かるのか知りたい！）

もしかしたら、誰か悪いおじさんに騙されて無理矢理、配信させられているのでは⁉（だとしたら救ってあげなきゃ！）

気になる！

気になりすぎて、チンポをシゴく手がピタリと止まってしまいました！[*1]

というわけで、僕はありとあらゆる人脈とコネをフルに使って、
実際にチャットレディをしているという女性に接触することに成功

*1 記事上の演出です。実際はチンポをシゴく手は止まっていません

しました！　以下は、チャットレディという奇妙な職業の裏側について、現役チャットレディのAさんに語っていただいたインタビューです。

はたして、彼女たちはなぜネット配信で脱ぐのでしょうか？　チャットレディ業界はどんな仕組みになっているのでしょうか？

チャットレディに対するイメージとリアル

＊――というわけで、本日はよろしくお願いいたします。

Aさん　はい、よろしくお願いします。

＊――あなたの素性が特定されるようなことがないようにお約束いたしますので、安心して本音で語ってください。

Aさん　そうしていただけるとありがたいです。よろしくお願いします。

＊――しかし、想像していたイメージとは違う方が来たので、正直、今、ビックリしています。

Aさん　ホントですか？　どんな人を想像していたんですか？

＊――こういうことを言うと失礼なのはわかっているんですが、もっとブスが来ると思っていました。

Aさん　え？　なんで、そう思っていたんですか？

*――やっぱり、日常生活で男に相手にされないブスが、仕方なくネットで脱いで、承認欲求を満たしているのかな？と思っていたので。

Aさん じゃあ、私はセブ山さんの言う「ブス」じゃないってことですか？

*――全然、違います！　かわいいです！　芸能人のおのののかさんに似てるって言われませんか？

Aさん あ、それよく言われます。

*――そうでしょ！　激似！　あと、雰囲気も込みで榮倉奈々（えいくらなな）ちゃんっぽさもある。

Aさん うれしいです。それもたまにですが言われます。

*――ですよね！　なんというか派手なかわいさではなくて、癒し系の優しいかわいさがある。

Aさん ありがとうございます。なんか照れちゃう。

*――そんなかわいらしいAさんがネット配信で脱いだり、エッチな姿を見せたりしているというのは、男としては「ありがとうございます!!」としか言いようがないのですが、そもそもAさんはチャットレディだけでメシを食っているんですか？

Aさん いえ、チャットレディはあくまでバイトです。

*――なるほど。ということは普段は何をされているんですか？

Aさん 普段は、大学生です。

*――どちらの大学ですか？　これは記事にするときは伏字にしますので。

Aさん　××大学の4年生です。

＊――えっ、けっこうな有名大学じゃないですか！

Aさん　ありがとうございます。一応、はい。

＊――年齢はおいくつですか？

Aさん　22歳ですね。

＊――なるほど。本当に「どこにでもいそうな、普通のかわいい女子大生」がチャットレディをしているんだってことがよくわかりました。いい時代になったなぁ。

チャットレディの生配信ってどんなことをするの？

＊――Aさんはチャットレディとして生配信をされているとのことですが、具体的にはどんなことを配信されているんですか？

Aさん　チャットレディってひとことに言っても、2種類ありまして、ただ普通に女の子とのおしゃべりを楽しむだけのチャットレディと、脱いだり、エッチなことを配信したりするアダルトチャットレディがいます。私は後者ですね。

＊──それは、男性と1対1でやり取りするんですか？

Aさん いえ、不特定多数の視聴者に向けて配信します。いわゆる、ニコ生[＊2]みたいなものを想像していただいたらわかりやすいと思います。

＊──なるほど。ということは、女の子の裸がメインではなく、あくまで「女の子との会話」が目玉なんですね。

Aさん そうですね。脱ぐのを最終目的としながら、途中の会話も楽しんでもらうっていう感じです。

＊──Aさんもやっぱり脱いでるんですか？

Aさん 脱いでるどころじゃないですよ。

＊──ぬ、脱いでるどころではない……？　それは……

Aさん ひとりエッチしています。

＊──WAO！（ワ〜オ！）それは…その……どれくらいのひとりエッチですか？

Aさん おっぴろげています。

＊──お、おっぴろげてるんですか……？

Aさん はい、どアップでおっぴろげます。

＊──（ごくり）

Aさん でも、局部をそのまま映すのはダメなんですよ。わかんないけど、たぶん法律的に。それをやると垢BAN[＊3]されてしまいます。

＊2 リアルタイムで配信される映像を見ながら、視聴者がコメントを書き込んだりできるネットライブサービス

＊3 運営会社により配信アカウントが配信停止にされてしまうこと

＊――ですよね。

Aさん　だから、ディルドで隠したり、iPhoneで隠したり、直接、局部が映らない工夫はしています。

＊――営業努力ですね。いやはや、しかし、まあ、ディルドで隠したりしているということは、手でクチュクチュする軽めのひとりエッチではなく、道具を使った本気のひとりエッチなんですね。

Aさん　はい（にっこり）。小道具はピンクローターからエネマグラまでそろっているので、その日の気分によって使い分けています。

＊――……ちなみに、Aさんはどんな道具がお好きなんですか？

Aさん　私は、ディルドと電マです。

＊――ほほう…ディルドと電マ……味わい深いですね。（Aさんの顔から足先まで舐めるようにじっとり見ながら）

Aさん　やめてください。

＊――失礼しました。

なぜネットで裸を晒すのか？

＊――変な質問かもしれませんが、生配信でするひとりエッチは気持ちいいんですか？

Aさん　正直なところ、**ただのパフォーマンスです。**

＊――うっ、なるほど。

Aさん　あえぎ声は演技だし、卑猥なセリフも「普段は絶対こんなこと言わないよな」と思いながら言っています。

＊――そうなってくると、チャットレディをする動機としては「**恥ずかしい…恥ずかしいけど……男の人に裸を見られると興奮しちゃうの♥もっと見てえええ〜！**」ではないということですね……。

Aさん　そうですね。

＊――夢が…壊れた……

Aさん　夢、壊してごめんなさい。

＊――本当に1ミリもないですか？　そこに「私、今、こんな恥ずかしい姿を見られてりゅううううううう」っていう興奮は1ミリたりともないと言い切れますか？

Aさん　私は、ないです。

＊――くぅ〜〜〜〜〜…

Aさん　でも、そういうタイプの女の子もいますよ。

＊――え！　本当ですか！　やったー！　勝った〜！

Aさん　何に勝利されたのかはわかりませんが、喜んでいただけて良かったです。

＊――でも、そうなってくると、チャットレディをする動機としては、やっぱり……

Aさん **お金ですね。**

＊――そうなりますよね。

Aさん ただ、勘違いしないでいただきたいのですが、「お金のために仕方なく」というわけではないということは言っておきたいです。

＊――と言いますと？

Aさん もちろんお金のためというのもありますが、**私は「やりがい」も感じています。**

＊――やりがい……？

Aさん はい、私自身、楽しみながらチャットレディをやっています。

＊――じゃあ、たとえば、見知らぬ男の人たちが自分の裸で興奮して、オカズにしているっていう事実は気持ち悪くはないの？

Aさん それは、むしろ、気分がいいです。**私で抜いてくれてうれしい～**っていう感じです。

＊――そうなんだ！

Aさん 「いっぱい出た」とか言われると、やったねってガッツポーズしちゃったりしますね。

＊――良い子だなぁ。

チャットレディの儲けの仕組み

＊――ぶっちゃけた話、チャットレディって儲かるんですか？

Aさん　時間帯とか曜日とかにもよりますが、私の場合は、**1時間の生配信で2万円くらいですね。**

＊――時給2万円と考えたら、めっちゃいいですね。

Aさん　一番稼いだ日は、1時間半の生配信を2回やって、**合計3時間で14万円もらいました。**

＊――うおっ、すごい。でも、それってどういう仕組みでお金が入ってくるの？

Aさん　視聴者の人に課金してもらって、その売り上げが入ってきます。

＊――でも、無料配信だとお金は入ってこないよね？

Aさん　あ、すみません。その説明が抜けてましたね。**チャットレディの生配信には、無料配信と有料配信があるんです。**

＊――あ、なるほど。そういうことか。

Aさん　だから、チャットレディの定番の流れとしては、無料配信で視聴者を集めて、「次は有料配信しまーす！　有料配信では、もっと過激なことしちゃいまーす！」と告知して、それで有料配信を見に来てもらうという感じです。

＊――なるほど！　無料配信は、無料お試しキャンペーンみたいなもので、もっと高機能なものは正規品を購入してねって

いう仕組みになっているわけか。

Aさん そういうことです。有料配信を見てもらって、はじめて私たちにお金が入ってくるわけです。なので、無料ではチラ見せしておいて、有料配信でもっとエッチなことをするっていう感じですね。

＊――じゃあ、先ほどAさんが「ひとりエッチする」って言っていたのは、有料配信の話ということですね。

Aさん そうです。でも、無料配信で服を脱いで裸を見せちゃう子もいますよ。

＊――その子、探してみよっと。

Aさん だから、配信をおこなっている私としては、デイトレーダーみたいな気分でいつも配信しています。

＊――ん？ すみません、どういう意味ですか？ デイトレーダー？

Aさん どこで有料配信に持っていくのかで金額は変わるので、そういう意味ではデイトレーダーと一緒かなと思いまして……。

＊――……どういうこと？

Aさん えっと、私たちにしてみれば「いかに有料配信を多くの人に見てもらうか」が重要になるわけじゃないですか。

＊――うんうん。

Aさん そのためにはまず、「無料視聴の人数を増やす」のが必要になってくるわけです。で、無料配信をやっていると、こっち側（チャットレディ側）の画面では視聴人数が見えるんですよ。今まで見に来てくれた人の合計人数が見える。その数字がどんどん上がっていくわけなんですが、変な発言をしちゃったり、なかなか脱がずに焦らしすぎちゃったりするとガクッとその数字が下がるんです。

＊――ほうほう。

Aさん　だから、どこまで焦らして、どこまで脱ぐのかの見極めがめちゃくちゃ大切なんです。そして、最も重要なのが**「どのタイミングで有料配信に移行するか」**なんです。

＊――なるほど！　それが、株価を見ながらどこで売り抜けるかとドキドキしているデイトレーダーのようだというわけですね。

Aさん　そういうことです！

＊――それって、だいたい無料配信でどれくらい集まればいいんですか？

Aさん　人それぞれですが、私の場合は無料で1500人集まれば、有料配信に移行しますね。それくらい集まれば有料配信にも80〜100人くらい残ってくれるので。

＊――世の中にはスケベがいっぱいいるんだなぁ。俺も含めて。でも、その無料の視聴者はどこから集まってきているんですか？

Aさん　基本は、ファンの方たちですね。お気に入りの娘たちが配信を始めたら、メール通知が来るように登録したりできるので。

＊――なるほど。リピート客になってもらうための仕組みもしっかりできているんだ。

Aさん　あとは、視聴数ランキングがあって、そこで1位や2位になると人が集まってきます。

＊――どんな市場でもやっぱりみんな、人気のものが人気なんですね。

普通の女の子がチャットレディになるまで

＊――つかぬことをお伺いしますが、Aさんのご出身はどちらですか？

Aさん　出身ですか？　出身は東京です。

＊――なるほど、上京してきて、東京は家賃や物価が高いから……という感じでチャットレディをやっているわけではないんですね。

Aさん　そうですね。そういう感じではないです。

＊――ちょっと踏み込んだ質問になってしまいますが、家族関係はどうですか？

Aさん　仲良いです。この前も、家族みんなで旅行に行ってきました。

＊――ちなみに、お父さまはどんなご職業ですか？

Aさん　**大使館に勤務しています**。

＊――いいところのお嬢様じゃないですか！

Aさん そんなことはないんですが、まあ、でも何不自由なく育ててもらったとは思っています。

＊――いや、こういうことを言うと、失礼なのはわかっているんですが、今日お会いするまで、チャットレディの方のイメージって、Twitterで自撮り写真とかをアップしている女と同じ属性だと思っていたんですよ。なんていうか、寂しがり屋というか……

Aさん いわゆる、メンヘラというやつですね。

＊――そうです。そういうことです。で、そういう方って、けっこうな割合で家庭環境や家族間の仲が良くなかったりするんですよ。本来得られるはずの家族からの愛情が十分に与えられなかったから、他所からその愛をもらおうもらおう、かまってかまってと……

Aさん たしかに、たまにいますね。承認欲求が強い人。

＊――いますよね。だから、チャットレディもそこに通じるものがあると思っていたんですが、Aさんは……

Aさん 愛情たっぷりで育ちました。

＊――ですよね。そうなってくると、どんなきっかけでチャットレディを始めたのかすごく気になります。普通の（なんなら普通よりも良い家庭環境の）女の子が、どんな流れでチャットレディになったのか。

Aさん それでいうと、そもそものきっかけは高校1年生のときなんですが、そのころ、読者モデルをやっている友だちがいたんです。読者モデルをやっているくらいですから、その子はすごくかわいいんですが、当時、流行っていたｍｉｘｉで、その子のプロフィール写真を見た人から毎日いっぱい

「かわいいね！　会おうよ！」というメッセージがきていたみたいなんですよ。

＊――「インターネットのクソな部分あるある」ですね。

Aさん　で、そんなメッセージの山のなかに「**かわいいから撮影させてほしい！　制服姿で！　お金払うから！**」っていうメッセージがあったそうなんです。具体的な金額とともに。

＊――うんうん。

Aさん　で、その子は、写真を撮らせるだけなら、いいお小遣い稼ぎになるから行こうと思ったらしいんですが、さすがにひとりで行くのは怖かったらしく、「Aちゃんも一緒に行こうよ」って私を誘ってきたんです。

＊――……行ったんですか？

Aさん　行きました。私もお小遣いが欲しかったので。

＊――まあ、そうなりますよね。しかし、そのおじさんにとってみれば、一度に2人の女子高生が来てくれたから、ラッキーだっただろうなぁ。

Aさん　でも、行ったら撮影もしたけど、スカウトだったんです、それ。

＊――え、スカウト??　なんの??

Aさん　なんか、女子高生のフェティシズム写真をダウンロード販売するビジネスを立ち上げようと思っているという人で、その被写体になってくれないか？っていうスカウトだったんです。怪しいなとは思ったんですが、1回撮影したら1万円くれて、その写真が売れたら、売り上げの半分をあげるっていう話だったので、その読者モデルの友だちと相談して「やってみよう」ってことになったんです。

＊――それって、何かの詐欺なんじゃ……？

Aさん 私たちもそう思ったんですが、詐欺じゃなかったんですよ。ちゃんと振り込まれました。

＊――振り込まれたんだ！ ちなみに、いくら儲けたんですか？

Aさん **高校2年のとき、毎月15万円もらっていました。**

＊――ぎょえええええ〜！ ゲロゲロ〜！ 高2で毎月15万円!?

Aさん はい。

＊――俺、今、33歳だけど、それ以下の収入の月もあるよ！ けっこうあるよ、15万円以下の月！ ねえ！ どうしてくれんの!?

Aさん それは知りません。

＊――高2で毎月15万円って相当、遊べるじゃん！

Aさん 相当、遊べてましたね。でも、10万円は遊びに使いつつ、毎月5万円はコツコツ貯金していました。今もそのときの貯金は残っています。

＊――真面目かよ、こいつ！ 俺、33歳だけど貯金ゼロだぞ！

Aさん　それは知りません。

＊――――くそっ……、それはいつまで続いたんですか？

Aさん　高校3年の終わりまで続けました。

＊――――そうなってくると、なんでやめちゃったのか気になるなぁ。

Aさん　それが……撮影してくれるおじさんが、その読者モデルの子を好きになっちゃって、ネチネチと手を出してくるようになったんです……。

＊――――うわぁ。

Aさん　友だちは「気持ち悪いから、もうしたくない」って言いだしちゃって、その子が行かないなら私もいいや、ってなってやめちゃいました。

＊――――こういうこと言うと、不必要な敵を増やすかもしれないけど、女子高生のエロスを使って儲けてやろうとするヤツって、全員、総じてキモいヤツばっかりなんだね。

Aさん　そうかもしれませんね、私からはなんとも言えませんが……。

＊――――でも、そこからどうやってチャットレディにつながるわけですか？

Aさん　その後、大学1年生のときに、居酒屋でバイトを始めたんです。

＊――――うんうん。

Aさん　でも、なぜか毎月お金がないんですよ。「ちゃんと働いてるのに、おかしいなぁ？　なんでだろう？」って思って。よく考えたら、そりゃそうですよね。毎月5万円のバイト代なのに、高校生当時のまま毎月10万円きっちり遊びに使っていたので、そりゃ毎月お金ないですよね。

＊――金銭感覚がおかしくなってるじゃないですか。

Aさん そうなんですよね。バッチリ金銭感覚がおかしくなってました。

＊――やっぱり人間って、一度上がった生活水準は、なかなか下げることができないんだなぁ。

Aさん そうかもしれないです。私も「使うお金を減らす」という発想がまったくなくて、「どうやって稼ごうかな？」っていうことばかり考えてました。

＊――その考え方自体は悪いことではないと思うけどね。

Aさん で、どうやって稼ごうかなって考えたときに、**幸いなことに、私は高校時代の経験で、人前でパンツをさらすことになんの抵抗もなくなっていた**ので、それを活かそうと思いまして。

＊――幸いかなぁ……？

Aさん だから、撮影会の水着モデルや下着モデルの仕事を探すことにしたんです。

＊――なるほど。それはどうやって探したんですか？

Aさん 撮影させてくれるモデルさんを募集する掲示板があって、そこで探しました。

＊――それは健全なやつですか？

Aさん うーん、どうなんだろう？　なかには怪しいのや、キモい募集もあるんですが、私はそんな変な人にあたったことはないですね。

＊——それってどこまで撮影させてもらえるんですか？　たとえば、どこまで脱ぐのかとか。

Aさん　ヌードモデル募集とかもあったんですが、私は脱ぐのは下着まででした。

＊——なるほど。

Aさん　そしたら、その掲示板で知り合ったお客さんのひとりが、「キミ、しゃべれるし、チャットレディに向いてるよ。僕の友だちにチャットレディをやっている子がいるんだけど、その子を紹介してあげるから、やってみなよ」って声をかけてくれたんです。

＊——ほほう。それで、どうしたんですか？

Aさん　「へぇ、そういうのがあるんだぁ」って思って、興味半分で、話だけ聞いてみることにしました。

＊——怖いもの知らずですね。

Aさん　で、その日のうちに、そのチャットレディをされているって方に会いに行ったんです。

＊——え、その日のうちに!?　スピード感すごい。

Aさん　紹介された住所に行ったら、**渋谷のマンションの一室**だったんです。

＊——マンションの一室っていうのは、雑居ビルみたいなところ？　それとも、ちゃんとした立派な……？

Aさん　×××（超有名なマンション名）です。

＊——ちゃんとしたマンションどころか、めちゃくちゃ立派な豪華マンションじゃん！

Aさん　そうなんですよ。で、インターホンを押したら、中からかわいいお姉さんが出てきて、出迎えてくれました。

＊――その人だけ？　怖いヤクザみてぇなヤツとかいなかったの？

Aさん　いませんでした。そのお姉さんだけです。で、話を聞いてみたら、そのお姉さん自身がチャットレディをしている人で、「脱がなくてもいいよ、しゃべるだけでいいから」みたいな感じで説明してくれました。

＊――あ、脱がなくてもいいんだ。

Aさん　そうなんです。私も「へー、脱がなくてもいいんだ」と思っていたら、その場の流れで「じゃあやってみる？」ってことになって、そのままカメラの前に座って、いきなりチャットレディデビューしたんです。

＊――え、その日のうちに!?　すごいね！　本当に怖いもの知らずだね！　もう少し知ってくれよ、怖いものを！

Aさん　いざ配信が始まったら「こんにちは」とかコメントが流れてくるので、それを拾いながらしゃべってたんですが、けっこうすぐに「なんか楽しいな」って感じになってきて、「私、向いてるかも」って思ったんです。配信のスタート前に、お姉さんに「脱げたら脱いでもいいよ」って言われていて、「あ、これ、脱げるな」と思って……

＊――まさか……

Aさん **その日のうちに脱いで、3時間で5万円もらいました。**

＊――すごっ！　「天才ルーキーあらわる!!」って思っただろうね、そのお姉さん。

Aさん でも、お金よりも、楽しかったんです。

＊――え？

Aさん お金がもらえたことよりも、楽しさが勝ってたんですよね。「楽しいうえにお金がもらえるって最高だなぁ」って思って、その場で本登録して、チャットレディを始めました。

＊――なるほど……！

奇妙なチャットレディ業界

＊――先ほど、「本登録」って言ってましたが、チャットレディを始めるにはそういう登録が必要なんですか？

Aさん いえ、登録といっても、そのお姉さんの「箱」に登録するものなので、チャットレディを始めるための登録とは、またちょっと違います。

＊――そのお姉さんの「箱」に登録するものってどういうことですか？　箱って何？

Aさん そもそもチャットレディって、ネットの配信サービスを使うわけなので、配信するためにはアカウント開設の手続きがあったり、Webカメラなどの設備を買いそろえないといけなかったり、とにかく、まあ面倒臭いんです。個人でやろうとすると。そこの面倒臭いのを全部お姉さんがやってくれるうえに、そこにそろっている設備を自由に使えるので、初期費用なく始められるっていうのが「お姉さんの箱に登録する」ってことでして、要するに「箱」っていうのは「芸能プロダクションに所属する」みたいなものですね。

——はー、なるほど。そんな仕組みになってたんだ。

Aさん　その代わり、配信で得た売り上げの1割はお姉さんが持っていくって取り決めになっています。

——1割なら良心的かもね。でも、それって「箱」に所属しちゃうと、月々のノルマが決まったり、この日とこの日は配信してねっていうシフトを組まれたりしちゃわないの？

Aさん　そういうノルマとかシフトは一切ありません。その部屋（渋谷のマンションの一室）の鍵を渡されているので、自分の好きな時間に行って、自分の好きな時間だけ配信するって感じです。

——その部屋は一体、なんなの？　スタジオ？

Aさん　いえ、そこはお姉さんの部屋です。お姉さんはそこに住んでます。

——どういうこと??　そのお姉さんは結局、何者なの??

Aさん　そのお姉さんはチャットレディを本業にしていて、私たちを取りまとめてくれている箱のリーダーですね。

＊――チャットレディ1本で渋谷の高級マンションに住んでるんだ……！　すげぇ……！

Aさん　うちの箱は「稼ぐ箱」って言われてるんです。

＊――稼ぐ…箱……？

Aさん　よその箱でトップを張れるような子たちが集まっている箱なんです。

＊――なるほど、要するに人気キャバクラ店みたいなことだ。ほかにもそういうチーム……いわゆる「箱」はいっぱいあるの？

Aさん　ありますよ。チャットレディの通(つう)は、女の子1人ひとりではなく、箱で追っかけたりします。

＊――これがホントの「箱推し」か……！

Aさん　でも、あくまで女の子は「自分のお部屋から配信してまーす！」っていうフリをする暗黙の了解があるので、誰と誰が同じ箱とかは一切、公表はされてないんです。

＊――え、じゃあ、どうやって同じ箱だって認識するの？

Aさん　ずーっとチャットレディを見てたらわかってくるんです。部屋の背景の感じで「お、この子とこの子は同じ箱だな」って。

＊――この世にはまだまだ知らない世界があるんだなぁ……。ちなみに、同じ箱の子同士は仲良いの？　そこはやっぱりライバルってことになるの？

Aさん　仲良しですよ。ほかの子の配信を見て「**ナイスオナニー！**」って褒め合ったりしています。

＊――そんな褒め方がこの世にあったとは……。

Aさん 「この焦らし方いいね、私もマネしよう！」とか、お互い刺激しあって、良き仲間でもあり、良きライバルでもあるって感じです。

＊――なんか、さっきから聞いてると本当にアイドルグループみたいな感じですね、箱って。

Aさん そうかもしれません。チームプレーもあったりするので。

＊――チームプレー？

Aさん たとえば、B子さんが有料配信に移行するタイミングで、C子さんが無料配信を始めるとするじゃないですか。そうすると、B子さんの有料配信に行かなかったお客さんたちが、ちょうど始まったC子さんの無料配信に流れるんですよ。

＊――なるほど、その人たちは、B子さんでは課金しなかったけどC子さんでは課金するかもしれないので、取りこぼしがないようにお客さんを回すってことかぁ。よく考えられてる。

こういう人はチャットレディに向いている

＊――なんか想像していたより、風通しの良い職場なんですね。

Aさん でも、チャットレディって長く続ける人がほとんどいないんですよね。

＊――それは高齢になってくると需要がなくなり、儲からなくなってくるからってことですか？

Aさん いえ、そういう意味ではなく、（チャットレディって）何年も続けられる人か、1、2回やってすぐやめちゃう人のどちらかなんですよね。

＊――へぇ、それはどうしてなんですか？

Aさん 単純に、苦痛だからなんだと思います。やめていく子たちはやっぱり「つらい」って言ってやめていきます。

＊――何がつらいんですか？

Aさん 「知らない誰かに、ひとりエッチしている姿を見せるのがやっぱりつらい」って。

＊――まあ、そうですよね……そうなりますよね。

Aさん そういう意味では、「ひとりエッチしている姿を見られても平気」という子は、チャットレディに向いていると思います。

＊――なるほど……。

Aさん あとは、「画面越しに話ができる人」ですかね。

＊――おしゃべり上手ってことですか？

Aさん いえ、ただ会話ができる人ではなく、**「画面越しに」**っていうのがポイントです。

＊――ほう。

Aさん **たくさん流れてくるコメントのなかで、本当にお客さんが求めているものだけを拾ってリアクションをできる人が強い**と思います。

＊――なるほど、ネット配信に大事な能力ってことですね。僕はイベントとかで司会をやらせてもらうことも多いんですが、やっぱりリアルなイベントとネット配信は、なんというか「空気感」が全然違うと感じていたので、すごく腑に落ちました。

Aさん あそこにディルドを突っ込んでいるときも、前から見せてという要望に応えるのか、後ろから見せてというコメントに従うのか、靴下は履いておいてという意見を拾うのか、いやいや靴下も脱いで足の裏見せてという意見に乗っかるのか、常にどっちの選択をすればより多くの視聴者が残るのかを考えながらひとりエッチをしています。

＊――すごい……。

課金されるためのテクニック

＊――Aさんが、チャットレディ業界において「稼げる子」というのがよく理解できました。

Aさん　そう評価していただけるとうれしいです。ありがとうございます。

＊――せっかくなので、これからチャットレディを始める子たちのために課金されるためのテクニックなんかを教えていただきたいのですが。

Aさん　あの……

＊――どうしました？

Aさん　私が言うのも変ですが「これからチャットレディを始める子たち」に向けて、そんな後押しするようなこと書いていいんですか？

＊――ダメですかね？

Aさん　こういうのって普通、「チャットレディの闇」みたいな感じで、チャットレディが悲惨なもののようにレッテル貼りして、女の子が性産業に進まないように啓蒙したりするんじゃないですか？

＊――たしかに、そういった社会派な記事にしたほうが説教臭いジジイに好まれるんですが、僕はそういう社会的意義にはまったく興味がなく、むしろ、もっともっとかわいいチャットレディが増えればいいなと思っているので、そのへんは全然大丈夫です。

Aさん　そんなこと言って、セブ山さん、説教臭いジジイに説教されたりしませんか？

＊――俺は俺の利益のためにしか記事は書かないって決めているからいいんです。社会のために書こうなんて思ったことは一度たりともない。

Aさん カッコイイのかカッコ悪いのか……。

＊―― というわけで教えてください！　チャットレディが課金されるためのテクニックを！

Aさん わかりました……といっても、そんなたいしたことは何もしていないんですよね。しいて言えば「プロフィール」ですかね。

＊―― プロフィール？

Aさん 生配信する女の子は、自分のプロフィールを設定しておくんですが、そこに私は「Cカップです」って書いているんです。

＊―― ほう、Cカップ。

Aさん 本当はDカップなのに。

＊―― ん？　本当はDカップなんですか？　あえて小さく書いているってことですか？

Aさん そういうことです。

＊―― なんで？　普通、サバを読んで大きく書くほうがいいんじゃないの？

Aさん グラビアアイドルとかだとそのほうがいいかもしれませんが、私たちは最終的に本当におっぱいを出すので、そのときにCカップって書いていたのに実際はBカップだったら「なんだよ…思ってたより小さいじゃん…ちぇっ、損した……」ってガッカリされちゃうんです。

＊―― ああ、なるほど！

Aさん でも、Cカップだと思っていたら実際はDカップだと「意外と大きいんだね!!!」というお得感をお客さんに味わってもらえるんですよ。

＊――かぁー、なるほどね！　大事だわ、その予期せぬラッキー感！

Aさん あと、**視聴者の男性は彼女らしいことを求めている**ので、そういう一面を出すようにしたらウケると思います。

＊――どういうことですか？

Aさん 生配信をしていて書き込まれることが多いコメントは「脱いで」とか「乳首見せて」とかなんですが、それと同じくらい多いのが「**○○君（視聴者自身の名前）って呼んで！**」「**○○君（視聴者自身の名前）大好きって言って**」というリクエストなんです。

＊――キモいけど、なるほど！

Aさん だから、そういう疑似恋愛的なことを多く取り入れるといいかもしれません。

＊――めちゃくちゃ勉強になる。

リスクの話〜顔バレは怖くないの？〜

＊――チャットレディをしていて、何か怖い目に遭ったことはないんですか？

Aさん　う〜ん、それがないんですよね。たまたま私がツイてただけかもしれませんが、怖い思いをしたことは一度もないんです。

＊――そうなんですね。

Aさん　でも、しいて言うなら……

＊――しいて言うなら……？

Aさん　**ディルドの挿れすぎで、あそこがヒリヒリしたときは「治らなかったらどうしよう」と怖かったです。**

＊――……こちらが想定していた答えとは違うベクトルの回答でした。

Aさん　「今日、がんばりすぎた〜とほほ〜」と半泣きでお股に軟膏を塗りました。

＊――あまり、ご無理なさらないよう……。いや、でも、「何か怖い目に遭ったことはない？」って聞いたのは、顔バレのリスクについて、どう考えているのかなと思いまして。

Aさん　あ、そういうことですか。う〜ん、それに関しては、**知らないところではバレているかもしれないけど、実害はないからＯＫ**って感じですね。

＊――顔バレして「言いふらされたくなかったら……」って脅されて、セックス奴隷になれと強要されたりは……？

Aさん エロマンガの見すぎです。そういうのはないですね。

＊――そういう話や噂を聞いたりもない？

Aさん ないですね。

＊――でも、そういう悪いヤツらはいないにしても、もしも、友だちや家族にバレたらどうしようって考えたりしませんか？

Aさん 考えますけど、べつにバレてもいいかなと思っています。

＊――いいんですか!?

Aさん 実際にバレたら「あーあ」とは思うけど、「まあ、いっか」ですむと思います。

＊――そのあたりは、あまり深刻に考えたりはしていないんですね。

いつまでチャットレディを続けるのか問題

＊――チャットレディはいつまで続けるつもりですか？

Aさん う〜ん、いつまでだろう？　先輩で35歳のチャットレディの方がいるので、まあ、それくらいまでやれたらいいですけどねぇ。

＊――最近の35歳はキレイですからね。

Aさん　まあ、その方はお直ししてるんですけどね。

＊――お直し……？

Aさん　整形ですね。

＊――なるほど。

Aさん　あ、でも、「結婚するまで」って感じですかね。

＊――結婚したらやめる？

Aさん　やめます。

＊――今、彼氏はいますか？

Aさん　今はいないです。最近、４年つきあった彼氏と別れちゃいました。

＊――ってことは、彼氏がいるときもチャットレディはやってたってことですよね。

Aさん　あっ……、そう考えると、やめられないかも。**彼氏に内緒でやってたし、旦那さんに内緒でやっちゃうかも**。

＊――人妻チャットレディ、いいですね！　楽しみにしています！　というわけで、聞きたかったことは以上です。長々とお時間いただきまして、ありがとうございました。

Aさん いえいえ、こちらこそ楽しかったです。

＊―― 最後に、これだけは言っておきたいってことや伝えたいメッセージってありますか？

Aさん ………なんでもいいですか？

＊―― なんでも大丈夫です。どうぞ。

Aさん あの……えっと……

＊―― はい？

Aさん **今度、あそこの毛を剃る「剃毛生配信」をしようと思っているので、セブ山さんもよかったらぜひ見てください**

＊―― **絶対、見ます！！！！**

まとめ

というわけで、現役アダルトチャットレディのインタビューをお送りしました。

実際に会話をしてみた印象は「どこにでもいる元気な女子大生」「育ちのいい女の子」という感じでした。

取材前はチャットレディに対してネガティブなイメージを持っていましたが、「楽しみながらやっている」

と明るく話す彼女を見ていると、なんだか自分の気持ちが少し変化しているのがわかりました。

さて、あなたはチャットレディという職業について、どう思われましたか？

「自分には無理だ」と思った方や、「私もやってみたい」と思った方。「恋人がもしチャットレディをしていたら……」という彼氏目線や、「娘がチャットレディをしていたら……」という親目線で読んだ方。いろんな視点からの感想があると思います。もちろん、否定的な意見も……。

しかし、ただひとつだけ、はっきりと言い切れることがあります。

それは、**僕は今日も明日も明後日も、チャットレディでシコり続けるということです。**

ごきげんよう。

編集後記

後日、剃毛生配信でめちゃくちゃシコりました。

母親はどこまで息子のTwitterを監視しているのか？

今の若者たちは、物心ついたときからすでに身近な場所に「インターネット」が存在している世代です。調べ物や待ち合わせなどさまざまな部分で便利になった反面、インターネットの脅威にさらされる危険性も格段に高まりました。

事実、「バカッター」といった蔑称で呼ばれるように、バイト先の冷蔵庫の中に入ったり、お店の売り物である食品を顔につけたりといったモラル違反行為をTwitterに投稿し、炎上してしまう子たちも後を絶ちません。中高生のネット炎上は社会的に見ても無視できないものになっています。

そんな時代に、子を守る立場にある「親」はどうあるべきなのでしょうか？

本章では、「高校生の息子のTwitterをこっそり監視している」というお母さまにお話を伺ってみることにしました。

はたして、現代の母親はどのように「子どものインターネットリテラシー」と向き合うべきなのでしょうか？

どうやって息子のアカウントを特定するの？

＊――こんにちは、本日はよろしくお願いします。

監視ママ はい、こちらこそよろしくお願いします。

＊――さっそくですが、息子さんっておいくつなんですか？

監視ママ 高校3年生です。

＊――思春期真っ只中ですね。そんな息子さんのTwitterはどの程度、監視されているんですか？

監視ママ すべてです。

＊――すべて？

監視ママ はい、ツイートのすべてを見ています。

＊――いや、でも、お言葉ですが、最近では複数アカウントを使い分けていたりすることが当たり前になっています。やはり、「すべて」とは言い切れないのでは？

監視ママ　いえ、すべてです。言い切れます。**本アカウントから闇アカウントまで、さらに彼女と一緒に使っている共同アカウント、果ては歌詞アカウントまですべて知っています。**

＊――すごい……。でも、いくつかわからない単語が出てきたんですが、闇アカウントってなんですか？

監視ママ　気持ちが落ち込んでいるときに、愚痴っぽいことを書く専用のアカウントですね。

＊――なるほど。じゃあ、歌詞アカウントっていうのは？

監視ママ　自分の好きなアーティストの歌詞をツイートするアカウントです。

＊――はあ？

監視ママ　「はあ？」ですよね。私も「はあ？」と思いました。意味がわからないんですが、でもたしかに息子はそういうアカウントも持っていて、毎日、好きな歌詞を投稿しているんです。

＊――それをする意味も目的もわからないですが、もし、自分がそういうアカウントを持っていて、それが母親にバレていて、しかも「はあ？」と思われていたらと思うと死にたくなりますね……。

監視ママ　まあ、でも、私もそれくらいの時期は、好きな歌詞をノートに書いたりしていたので、その書く場所がノートからTwitterに移っただけなんでしょうね。

＊――ちなみに、息子さんは親バレしていることは気づいていないんですか？

監視ママ 私は家では**「ネットに疎いフリ」**をしているので、まさか母親が見ているなんて夢にも思っていないでしょう。

＊――まさに、「ウチの親はパソコンに疎いから大丈夫ッスよｗ」と思っているってことですね。でも、まあ、よく全部のアカウントを見つけましたね。

監視ママ 本アカウントをひとつ見つければ、だいたいどこかで関連づけられているので、簡単ですよ。ツイート内容を遡（さかのぼ）れば、すぐわかります。

＊――そもそも、どうやって息子さんの本アカウントを見つけたんですか？

監視ママ **本名で顔出しアイコンでやっていたので、検索したらすぐわかりました。**

＊――そりゃ、バレるわ。バカかよ。

監視ママ そんなこと言わないでやってください……。

＊――あ、すみません、つい。

監視ママ でも、最近は本名や本名に近い名前でやる子は全然いますよ。たとえ本名でなくても、どの学校のどのクラスかまで自己紹介欄に書いている子がほとんどです。

＊――すごいなぁ、そんなことして怖くないのかなぁ。

監視ママ 子どもたちの感覚にしてみたら、「何が怖いの？　悪いことしてるわけじゃないんだからいいじゃん」という感じみたいです。

＊――う～～～ん……お母さま自身はTwitterを使ってはいないんですか？

監視ママ アカウントはあるんですが、一切つぶやいていないです。チェック用に使っています。

＊――ということは、アイコンとかも全然関係ないものにしているんですかね？

監視ママ はい、アイコン、IDはまったくわからないものにしたうえで、息子のアカウントをブロックしています。

＊――なるほど、息子のアカウントをブロックしておけば、向こうからはこちらが見えないので、気づかれる可能性を限りなくゼロにできるわけですね。息子バレ対策は完璧だ。

なぜ母親は息子のTwitterを監視するのか？

＊――監視を始めたきっかけはなんだったんですか？

監視ママ 息子のネットの使い方がけっこう危うかったので、これは親としてちゃんと見守らないとなと思ったのがきっかけです。

＊――何があったんですか？

監視ママ LINEに「タイムライン」ってあるじゃないですか？

*――ああ、ありますね！　ＬＩＮＥは１対１のトーク画面が基本ですが、友だちとしてつながっている人たちに近況が報告できる「タイムライン」っていう場所がたしかにあります。

監視ママ　あれって、Twitterに比べると、ＬＩＮＥでつながっている友だちしか見られないので、まだ少しはクローズドな場所じゃないですか。

*――そうですね。

監視ママ　そこに息子がある日、「こいつら、マジ神ｗ」みたいなコメントをつけて、**仲の良い友だち数人が道路標識の上によじ登っている写真**を投稿していたんです。

*――おやおやおや……。

監視ママ　もちろん、その行為（道路標識によじ登る）自体が良くないことなので、「ＬＩＮＥのタイムラインで見たけど、ああいうことはやめなさい。危ないし、ひとの迷惑になるから」と注意しましたが、そもそもそういうことをネットに載せておもしろがっているのが、かなり危うい使い方をしているなと思いまして。

*――たしかに、百歩譲って、そうやってヤンチャなことをするのって若気の至りで、まあ、よくある話ではあると思うんです。でも、それをネットに載せて「俺たち、こんなヤンチャなんすわｗ」みたいな感じで投稿しだしたら終わりの始まりですもんね。

監視ママ　幸いなことに、すぐに注意してすぐに消させたので、炎上したりするようなことはなかったんですが、息子にはすぐに「SNSの使い方」について一応、クギを刺しておきました。

＊——なんてクギを刺したんですか？

監視ママ 本当ははっきり注意したいけど、私がそれなりにネット系に詳しいとはバレたくないので遠回しに「なんか最近、ツイッター？　とかいうやつで？　高校生が？　炎上？　しちゃうことがあるらしいよ？　お母さんは全然知らないんだけどさぁ～。あんたも気をつけなねぇ～。お母さんはそういうのわかんないんだけどさぁ」って言っておきました。

＊——すっとぼけてるなぁ～。

監視ママ 「ふ～ん、わかった～」って自分には関係ないッスみたいな顔してましたが、それ以降、そういった投稿はなくなったので、なんとなく伝わったのかなとは思っています。

＊——お話を聞いていると、監視している目的って、つまりは「**悪い方向に向かわないために見守っている**」ってことなんですね。

監視ママ そうなんです。べつに息子の行動を制限したり、友だちづきあいをとやかく言ったりするつもりはありません。ただ、どうしても超えてはいけないところってあるじゃないですか。それをうっかり超えてしまわないように見守るのが私たち親の役目だと思うんですよね。

＊——なるほど。でも、そんなに逐一、なんでもTwitterに書いているわけじゃないんですよね？　Twitterを監視しているからって息子のすべてを知った気になっているのも、ある意味、危険なんじゃないかと僕は思うんですが。

監視ママ　セブ山さん。
＊――はい？
監視ママ　息子は、まあ、息子に限らずですが、今の若い子たちってけっこうなんでもTwitterに書いているんです。
＊――今、どこで何をしているかがわかるくらいってことですか？
監視ママ　それどころの話じゃありません。
＊――というと？
監視ママ　息子が彼女とどこで出会って、いつつきあい始めて、いつ初キスをしたかということも全部すべて丸わかりなんです。
＊――え、ちょっと待ってください、じゃあ、もしかして……
監視ママ　はい、**息子が童貞喪失した日も特定済みです**。
＊――わああああああああああ！！！　やだああああああああああああ！！！
監視ママ　童貞を喪失した場所も目星はついていますし、なんなら、だいたいの時間もわかります。
＊――もうやめてくれええええええ！！！　自分のことじゃないけど、もし自分が母親に童貞を喪失した日時・場所を知られていたらと思うと恥ずか死するうううう！！！！
監視ママ　勘違いしないでいただきたいのですが、これは「私はなんでも息子のことを知っている」と自慢げ

に話しているわけじゃなくて、それくらいなんでも赤裸々に書いてあるってことを言いたいんです。

＊――にしても赤裸々すぎますって……それを見て、なんでもかんでも書き込むんじゃありませんって注意しないんですか？

監視ママ 注意したら監視しているのがバレちゃうじゃないですか。でも、なんとなくヒントは出したりしています。

＊――ヒント？　どんなヒントですか？

監視ママ **その次の年からお年玉をあげなくなりました**。だってもう大人だから。

＊――その理屈で言えば、30歳を過ぎても童貞でさえいればお年玉はもらい続けられるんですね。

SNSに充満する「しあわせ病」

監視ママ でも、本当にこれはウチの息子に限ったことじゃなくて、息子の友だちや彼女もみんなそんな感じなんです。なんでもかんでもTwitterに書いているんです。

＊――本当ですか？

監視ママ 息子はFカップの彼女とつきあっているんですが、

＊――え、Ｆカップ！　贅沢な！　高校生のときからそんな贅沢をしていたら、ロクな大人になりませんよ！　**高校生のうちは、貧乳のブスとつきあいなさい！**

監視ママ　セブ山さんの教育方針はさておき、その彼女が私に媚びてくるんです。「〇〇（息子の名前）ママ、今日もカワイイ～」って。

＊――媚び方が粗いなとは思いますが、いい子じゃないですか。

監視ママ　**でも、Twitterには私の悪口を書いてるんです**。

＊――え!?　それもすごい話ですが、そもそも息子の彼女のアカウントも監視しているんですか!?

監視ママ　はい、一応。息子を信用していないわけではないのですが、相手は若い女の子なのでもし万が一、どんな過ちを犯してしまうかもしれないので、そういうときにいち早く気づけるように。

＊――なるほど。そういう意図で。いや、しかし、彼氏の母親の悪口をTwitterに書くってとんでもない彼女ですね……ちなみに、その彼女はどんな悪口を書いているんですか？

監視ママ　どうやら息子は私が乗っている車が欲しいらしくて、息子は自分が免許を取ったら、それをもらう魂胆らしいんです。それを彼女に話したら、すごく喜んで、周りの友だちみんなに自慢したみたいなんですよ。「**私の彼氏、今度、親に車もらうんだ～ドライブデート楽しみ～**」って。

＊――これはまた、なかなか……。

監視ママ　でも、私としては、男は自分で稼いで買った車に乗るべきだと思っているんです。だから、絶対あげないよって言っているんですけど、でも彼女にしてみれば「もう友だちに自慢しちゃったのに」って感じなので、「**クソババア、ケチケチしてないで早くよこせや**」「**若く見えますねって褒めたら喜んでたからこの作戦で攻める**」とかツイートしてますね。

——とんでもねえ女だな……。そんな女と別れろって言わないんですか？

監視ママ それをしちゃうと「見守る」だけじゃなくなってしまうじゃないですか。**息子の行動を制限して、自分の思いどおりに動かしたいわけじゃないんです。**

——ああ、そっか……。

監視ママ だから息子がどんなクソ女とつきあおうが、そこは何も言いません。

——あ、クソ女だとは思ってるんですね……。

監視ママ でも、息子のTwitterや、カップル共同アカウントを見ていると、それ（車をくれない親の悪口を言うこと）も仕方ないとも思うんです。

——どうしてですか？

監視ママ なんていうか、今の中高生ってみんな「しあわせ病」なんだなってすごく感じるんです。

——「しあわせ病」ですか？

監視ママ 「僕たち幸せですリア充です」とアピールしていないと死んでしまう病気です。まあ、私が勝手にそう呼んでいるだけなんですが。でも、Twitterって彼らにとってはそういうツールなんだろうなって思います。だから、カップル共同アカウントは見ていてつらくなります。

監視ママ　つらくなる？　どうしてですか？

＊——ふたりで送り合った手紙の内容を「まぢ愛されてる」「まぢ幸せ」というコメントと一緒に公開しているんです。

監視ママ　痛いなぁとは思いますけど、微笑ましいじゃないですか。

＊——でも、本当に幸せだったらそんなことしないじゃないですか。**まわりから「あのカップルは幸せそう」「あのふたり、羨ましい〜」って思われたいだけなんです。**誰のための幸せなんでしょうね。

監視ママ　**幸せだって思われないと幸せじゃない、**ってことですか。なるほどなぁ……。

＊——インターネットが生まれたときから身近にある今の若い世代の子たちって、インターネットも「リアル」の一部だからこそ、ネット上でも誰かに認められないと生きていけないんでしょうね。

監視ママ　なるほど。僕がそれくらいのときは、そんな「彼氏・彼女とラブラブな姿」って、友だちに見られるのは恥ずかしかったけどなぁ。

＊——それで言うと、Twitterの監視とはまた違う話なんですが、先日、カルチャーショックを受けたエピソードがあるので話してもいいですか？

監視ママ　はい、お願いします。

監視ママ 息子の彼女はよくウチに遊びに来るんですが、この間おやつを出そうとしたら「最近、ダイエットしてるんです」って言っていたので、「え～細いのに～、ダイエットなんかしなくていいじゃん」って言ったんですよ。

＊――ほうほう。

監視ママ そしたら「だって、彼がエッチのときに私が上に乗ったら重いって言うんですも～ん」って。

＊――おおうっ……！　いくらなんでも赤裸々すぎるって……。怖いものナシかよ……。

監視ママ 「え、そういうこと彼氏の母親の前で言うんだ⁉」と驚いたのですが、息子の彼女にビビってるって思われたくなかったので、「そうなんだ～、あはは～」って冷静なフリして笑っておきました。

＊――いや、そこはクギを刺しておいたほうがいいんじゃないですか……？

監視ママ 大丈夫です。その場にいたおばあちゃんが「若い娘がなんてこと言ってるんだ!!!」ってめちゃくちゃ怒っていたので。

＊――さすが、おばあちゃん。大和撫子だ。

監視ママ まあ、ここまであっけらかんと赤裸々なのは息子の彼女だけかもしれませんが、でも、息子の友だちのTwitterを見る限り、みんな、似たり寄ったりなツイートをしています。たぶん、ちょうどそういう時期なんだとも思います。

＊――今まさに飛び立とうとしているところなんですね。見守りましょう。

監視ママ　あ、でも、息子のTwitterを見ていて、どうしても許せないことがあるんです。監視していることがバレてもいいから、それは注意しようかと思っているんです。

＊――え、なんですか？

監視ママ　**キメ顔が全部同じなんです。**

＊――ん？　どういうことですか？

監視ママ　カップル共同のアカウントで、プリクラとか写メをアップしているんですが、まあ、それは昔、プリクラが流行ったときにプリクラ帳を作って友だち同士で見せ合っていた感覚だと思うんでいいんですが、そこに写っている息子のキメ顔が全部同じ表情なんです。また、そのキメ顔がキモいんですわ。

＊――いや、自分の息子に対してキモいって……。

監視ママ　私だってショックでしたよ。愛する息子がキモいなんて……。

＊――ちなみに、どんなキメ顔なんですか？

監視ママ　『ROOKIES』（ルーキーズ）みたいな顔なんです。

＊――ルーキーズ？

監視ママ　あの、ほら、野球マンガの。

＊――いや、それはわかるんですが、どういう顔なのかいまいちピンとこなくて……。

監視ママ こういう顔です。（スマホを取り出して、息子のプリクラ写真をセブ山に見せる）

＊――あははは！　わかる！　たしかにルーキーズだ！　この顔、ルーキーズの顔だわ！

監視ママ **「ルーキーズの顔ばっかりすんなよ！　もっとキメ顔のレパートリー増やせ！」**って言ってやりたいんですが、それを言っちゃうとバレてしまうので毎回「うわー、こいつ、またやってるよキモい～……」って思ってます。

＊――母が息子を想う愛も、ルーキーズのキメ顔の前では無力か……。

監視ママ それに、彼女も彼女で、いつも似たようなキメ顔なんですよね。角度だけ違って。

＊――彼女はどんなキメ顔なんですか？

監視ママ 彼女はＲＩＫＡＣＯみたいな顔をします。

＊――RIKACO（リカコ）!?

監視ママ なんか言い方があったんですが…なんだったかな……えっと、あっ！　ハリウッドスマイルです！　ハリウッドの女優さんたちの間で流行ったのを、今の若い子たちがマネしてやってるってやつです。

＊――へぇ、ハリウッドスマイルかぁ。そういうのがあるんですね。

セブ山による「ルーキーズのキメ顔」の再現。
口を尖がらせてヤンチャさをアピール。

監視ママ　でも、私にはRIKACOにしか見えないんですよ。

＊――それってどんな笑顔なんですか？

監視ママ　こんなのです。（息子の彼女のプリクラ写真をセブ山に見せる）

＊――ああ、たしかにRIKACOだわ。

監視ママ　ですよね。RIKACOってこういうふうに顔をくしゃくしゃにして笑いますよね。

＊――そういう意味では、RIKACOは何年も前からハリウッドを先取りしていたわけですね。

監視ママ　さすが私たちのRIKACO。

セブ山による「RIKACOの笑顔（元祖ハリウッドスマイル）」の再現。若い女の子がやるとかわいくなります。

心の健康状態も読み取れる

＊――基本的にチェックしているのは、メインのアカウントと、カップル共同アカウント。そして、彼女のアカウントですか？

監視ママ　闇アカウントも、けっこうチェックしているかもしれません。

＊——愚痴を書き込む専用のアカウントですね。そっか、闇アカウントを見ていれば、息子が何で悩んでいるのかも見えたりするわけですもんね。

監視ママ いえ、見えません。

＊——え？　いや、心が落ち込んでるときに愚痴を書き込むアカウントなんですよね？　じゃあ、悩みとかが見えてくるのでは……？

監視ママ いえ、その逆で、闇アカウントにたくさん書き込まれているほうが「お、良かった良かった健全だな」って思います。

＊——ん⁇　健全？　どうしてですか？　悩んでいるんじゃないですか？

監視ママ さっきの「しあわせ病」ではないですが、本当に悩んでいたらTwitterには書かないですよ。だって、「あの子は幸せだな〜、いいなぁ〜」って思われたいんですもん。彼女とケンカしちまったぜ、みたいな悩みじゃない悩みを書くんです。

＊——ああ、なるほど……。

監視ママ 結局、誰かにかまってほしいから書くだけなんですよ。だから、逆に闇アカウントが稼働していなかったら「最近どう？　なんかあった？」って声をかけるようにしています。

＊——そっか……、本当に追い詰められていたら何も書かないんだ……！

監視ママ そういう意味では、息子の心の状態を見極めるために、ＬＩＮＥのステータスメッセージもこまめにチェックしています。

＊――――LINEのなんですか……？　LINEはわかるんですが、ステータスメッセージがちょっとピンとこないです……。

監視ママ　ほら、あのアイコンをタップすると出てくるところです！　ここです、ここ！（左画像）

＊――――ああ、なるほど！　これってステータスメッセージっていうんですね。

監視ママ　そうなんですよ。最近の若い子たちはここにポエムみたいなのを書き込むんです。

＊――――ポエム？　たとえば、どんな？

監視ママ　「本当の自分を見せると人はみな離れていく」とか。

＊――――……なんですか、それは？

監視ママ　要するに、彼女とケンカしたんですよ。何か本音を言ったら怒られたんでしょうね。とにかく、そこを見ると今のカップルの状況がわかるので便利です。

＊――――なんなんだ。

監視ママ　結局、それって彼女へのアピールなんですよ。「俺はケンカしてこんなに傷ついてるよ～早く仲直りしたいよ～」っていう。

囲み部分が「ステータスメッセージ」。

＊―――申し訳ないけど、しょーもないなぁ。

監視ママ でも、たまにアピールが不発に終わって、全然許してもらえないときがあるんですが、そういうときは「そろそろ許してほしい」ってポエムでもなんでもないストレートなメッセージが書き込まれます。

＊―――あはは！ それは、なんというか、一周回ってかわいいですね。

監視ママ 私も、さすがに笑ってしまいました。

息子のTwitterを監視することは正義か悪か？

＊―――さて、ここまで息子のTwitterを監視しているというお話を伺ってきましたが、息子の立場になって考えると「めちゃくちゃ嫌」だと思うんですが、それについてはどうお考えですか？ ある意味、「息子のプライバシーを剥奪している」とも取れるわけじゃないですか。

監視ママ 実は私自身も、最初は「これってどうなんだろうか？ 良くないことなんじゃないだろうか？」って悩んでネットでいろんな意見を漁ったりしたんです。

＊―――うんうん、ネットの総意はどうでしたか？

監視ママ　いろんな意見があったのですが、**息子のTwitterを監視しているのはキモい**っていう意見はやっぱり多かったですね。

＊――――うーん、そうなるのか。

監視ママ　「まるで息子の部屋に勝手に入ってエロ本を探しているみたいだ」って意見は心に刺さりました。

＊――――たしかに、こっちは「息子を守るため」という大義名分がありますが、息子にしてみればそんなの関係なく「ただ、プライベートな部分を暴かれただけ」だと感じるかもしれませんね。

監視ママ　それで私もすごく悩んでしまいまして、一度、息子の学校の先生に相談したことがあるんです。「実は息子のTwitterを監視しているんですが、これってどうなんでしょうか？　いけないことでしょうか？」って。

＊――――ほうほう。先生の意見、気になりますね。

監視ママ　そしたら、先生に「お母さん、**学校の教師たちは、ほぼ全校生徒のTwitterを特定済みです。そのまま静かに監視し続けてください**」って言われました。

＊――――えぇ!?　……ああ、でも、まあ、そっかぁ、そりゃそうだよなぁ。

監視ママ　「もちろん、おもしろ半分で監視しているわけじゃなくて、私たち大人には見守る義務があるんです」って言われて、「あ、いいんだ」って気持ちが解放されました。

＊――――なるほどねぇ。ちょっとした失敗で炎上してしまって、ネットの悪意にさらされてしまわないように、大人が見守る

「義務」はたしかにそこにあるかもしれませんね。

監視ママ その先生は「タバコを吸っているくらいは大目に見ている」とも言っていました。べつに未成年の喫煙を認めているわけじゃなくて、「未成年者の喫煙」から派生して、そのまま悪の道に引きずり込まれないように見張っているんだ、と。もしも、喫煙以上の悪いことに進んでしまった、進もうとしていたときに、はじめて呼び出して注意するそうです。

✴———21世紀の金八先生は、Twitterまで見張らないといけないのか……いや、でも、考え方によっては、しっかり見守れるようにはなっているので、親の立場から考えると、世界は良くなっているのかもしれませんね。とても勉強になりました。本日はありがとうございました。

監視ママ こちらこそ、ありがとうございました。私と同じように「子どものSNSの使い方」で悩まれている方々のお役に少しでも立てたのなら良かったです。

編集後記

今回のインタビューを通して、子どもの「インターネットの使い方」を見守るのも、これからの時代は親の大事な役目のひとつになる……ということを強く感じました。

「玄関に貼り出しても恥ずかしくないツイートを心がけましょう」という一文が、ネットリテラシーについて語られる際に、よく引き合いに出されます。しかし、ライフラインのひとつとして、水道や電気と同じように「ネット環境」が整っている時代を生きる若年層には、いまいちピンとこないんじゃないかとずっと思っていました。

それよりも、「そのツイート、お母さんに見られてるよ」のほうが震え上がるんじゃないかと。

本章が、そんな「親バレの恐怖」を通して、ネットリテラシーについて考えるきっかけになれば幸いです。

「ウチの母親はパソコンに疎いから」と安心できる時代は終わりました。インターネットという大海原に向かって何かを発信する前には、「母親に見られても恥ずかしくないか？」と自問自答してみましょう。

それこそが、ネット上の悪意から自分の身を守る唯一の方法です。

アイドルになる夢を潰された高校生は「ゴルスタ」を恨んでいるのか？

2016年8月24日、ひとつの中高生向けSNSアプリが炎上しました。

そのサービスの名前は、ゴルスタ。「ゴールスタート」の略だそうです。Twitter のようなSNS機能や、YouTube のような動画投稿機能、ユーザーが投稿した顔写真やコーディネートをどちらがイケているか競わせる機能、ユーザー同士で悩み相談ができる機能など、とにかくインターネットのすべてが「中高生限定」の名のもとに集結したようなアプリでした。しかも、中高生の安全を守るために、大人が登録しているのがバレたらアカウントは停止されてしまいます。

そんな中高生にとっては夢のようなアプリが炎上した原因は、ユーザーの個人情報を意図的に流出させたり、運営側を批判したアカウントを強制的に停止させたり、とにかく徹底的な言論統制をおこなっていた、運営者たちのやりたい放題が白日の下にさらされたからです。

多くの批判を受けて、ゴルスタは運営停止に追いやられ、今はもう存在していません。一連の騒動についての報道を追うかぎり、遅かれ早かれ、きっとこうなっていたはずなので、一切の同情は持てません。当然だと思います。

そして今回の炎上騒動で、もうひとつ話題になったことがあります。


それが「ゴールスターズ」の存在です。


ゴールスターズは、ゴルスタの人気ユーザーのなかから選出された中高生メンズアイドルユニット。デビュー曲『Grab a Dream』（夢をつかむという意味）で、スター街道を駆け上がるはずでした。

「はずでした」というのは、デビューする前にゴルスタが運営を停止したせいで、ゴールスターズは事実上の「解散」になってしまったからです。メンバーのなかには、ゴールスターズの活動に専念するために高校を中退したメンバーもいたため、そのセンセーショナルな事実がフックとなり、さらに話題になりました。

もちろん一番の被害者は、意図的に個人情報を流出させられたユーザーの方や、恫喝されて怖い思いをした中高生たちですが、そこから派生して、ゴールスターズのメンバーたちもかなりひどい目に遭った被害者です。

そこで今回は、アイドルグループとして華々しくデビューするはずだったゴールスターズの一員である「ともにゃん」さんにお話を伺いました。

ともにゃんさんは、日々のコーディネートを投稿したり、ゴルキャスと呼ばれる生配信で歌ったり踊ったり、たまに変顔したりモノマネしたりして、ゴルスタで人気のユーザーのひとりでした。そんな彼の話を通して、ゴルスタ騒動の現場ではいったい何が起こっていたのかを掘り下げたいと思います。

アイドルになる夢を潰された高校生は「ゴルスタ」をどう思っているのでしょうか？　恨んでいるのでしょうか？

私たち大人から見れば「なんで、そんなアプリをわざわざ使うの⁉」と信じられない気持ちですが、彼らはいったいなぜそんなゴルスタに熱狂したのでしょうか？

インタビューを通して、その真相に迫ります。

ゴルスタは「自分が一番輝けていた場所」

＊――本日は、よろしくお願いいたします。

ともにゃん はい、よろしくお願いします。

＊――本当は直接お会いしてお話を伺いたかったのですが、遠方にお住まいとのことだったので、今回は電話取材で失礼いたします。

ともにゃん いえいえ、大丈夫ですよ。

＊――ありがとうございます。それでは、さっそくお聞きしていきたいのですが、ともにゃんさんは、今回の件についてどう思われましたか？

ともにゃん この騒動については、ほんとに、残念としか言いようがないですね。

＊――残念？　残念というのは、サービスが終了してしまって残念ってことですか？

ともにゃん そうです。残念です。

＊――僕個人としては、運営を批判したユーザーに罰則を与えたりなど、行きすぎたところがあったと思っているのですが、ともにゃんさんがゴルスタを使っているときは、そういうふうには思われていませんでしたか？

ともにゃん ルールがなければ荒れるのは当然ですし、管理システムについては、ありがたいものだと思う以外何もありませんでしたね。

＊――……なるほど。ともにゃんさん自身は運営側から怒られたことはないんですか？

ともにゃん もちろん、僕も運営の方からは何度も怒られました。僕自身しっかりした人間とはお世辞にも言いがたいので、何度も迷惑をかけて、何度も怒られました。

＊――怒られたとき、どう思いましたか？　ムカついたのでは？

ともにゃん いえ、そこにはいつもアドバイスとか、これから一緒に直していこう、がんばっていこうっていう運営のみなさんの想いがあったので腹が立ったことはないです。ほんとにいい人たちだったなぁって、何度も思い返して感謝しています。

＊――なるほどなるほど……。ともにゃんさんにとっては、とても良いことだったんですね。世間ではゴルスタについていろいろ言われていますが、ともにゃんさんの考える〝ゴルスタの良かったところ〟をお聞かせください。

ともにゃん ゴルスタの良かったところなんて、ほんとに言いきれないほどあります。

＊――たとえば、どんな？

ともにゃん まず、あそこ（ゴルスタ）は学校以上にお互いが支え合える場と言っても過言ではないと思います。ひとつの学校の何倍ものユーザーが、ちゃんとしたルールを守って、そのなかでお互いに励まし合って、支え合って、そのなかでライバルもできて、友だちもできて。それに、キャス（生配信のこと）を通して相手と話せたり、タイムラインの投稿で自分のことを知らせたり、相談したいことを共有して一緒に解決したり、いろんな人がいて、またそのなかでしっかりキャラを確立できている自分がいて、自分のなりたい自分でいられる場でした。……あまりにも言いたいことがありすぎてうまくまとめられないですね。すみません。

＊――いえいえ、大丈夫です。それくらい、ともにゃんさんにとっては素晴らしい場所だったということですね。

ともにゃん そうですね。それに、運営やみんなのサポートで、イベントに出演できたり、アイドルになれたり、夢への一歩が踏み出せるなんて、そんなアプリ、ほかにないと思います。僕からしたら、本当に今までで最高のアプリって心から言えます。

＊――でも、あえて嫌な言い方をさせていただきますが、そんな最高のアプリであるゴルスタは、最低な炎上でサービスを停止してしまったわけじゃないですか。そのことを最初に聞いたときは、どういうお気持ちでしたか？

ともにゃん サービス終了って聞いたときは、まず考えるより先に涙が出ていました。そうしてから、何も考えられないまま、ベッドの上で泣き叫んでいた記憶があります。

＊――なるほど……。

ともにゃん とにかく、なんで、どうしてっていうのが一番でした。苦しくて悔しくて悲しくて、つらかったです。この先どうしていけばいいかわからなくて……。

＊――お気持ちお察しします。

ともにゃん とにかく何かのせいにして、ストレスを発散しようと思って、いろんなものに当たりました。それが間違ったことだって気づくのにも時間がかかって、それに気づいてからまた悩みました。とにかくひたすら苦しかったです。

＊――ゴルスタは、ともにゃんさんにとってそんなにも大切な存在だったんですね。

ともにゃん はい、**自分が一番輝けていた場所**だったので。

＊――ゴルスタのサービス停止に伴い、必然的にゴルスタ発のアイドルグループ「ゴールスターズ」も事実上の解散になってしまうわけですが、それについてはどうでしょうか？

ともにゃん ゴールスターズの事実上の解散については、正直、最初はイライラしていろんなものに当たってしまいましたね。やっぱり自分がいろいろなものを犠牲にして頑張ってきたっていうのもあって、それが台なしになったことへの怒りというのは当然ありました。

＊――そりゃそうですよね。アイドルになるっていう夢を見せるだけ見せておいて、運営側の不手際でそれを壊されてしまったんですもんね。腹が立って当然です。

ともにゃん でも、その夢をサポートしてくれたのも運営の方たちだったので……。それを考えると何も文句は言えないなと思いました。

＊――たしかに……。その怒りはどこにぶつけたらいいかわからないですね。

ともにゃん でも、やっぱり、腹が立つよりも「寂しいな」と思いましたね……。

＊――同じアイドルグループのなかには、高校中退をされた方もいましたよね？

ともにゃん ひょがたんのことですね……。

＊――ネット上の意見で多かったのは、「自業自得のバカ」「かわいそうにｗｗｗ」という悪意あるものでしたが、それについてはどう思いますか？

ともにゃん 高校中退なんて、生半可な覚悟でできることじゃないので、それを本当にしちゃったっていうのは、まぁなんにも知らない世間の人からしたらバカに見えるなんてのもあるかもしれないですけど、それを彼の気持ちも知らないでバカにしてるヤツらには、ほんとに怒りを覚えましたね。正直人間のクズだって思いましたね。申し訳ないですけど。

＊――そうですよね。そこに至るまでの真剣な想いがあったわけですもんね。ちなみに、ほかのメンバーの方たちは、ゴルスタのサービス停止について、どういった反応でしたか？

ともにゃん グループのみんなも困惑して、ほとんどが泣いていました。運営に不満を持つ人もいれば、それ（運営に不満を持つこと）はダメだと止める人も、ただひたすら落ち込む人もいました。

＊――そんな状態でも、運営批判をすることはダメだという人もいたんですね……。

ともにゃん しばらくはみんな何も話せませんでしたね。その後、だいぶ経ってまた話すようにはなりましたが、見たところ、みんな、あんまり昔の話題に触れないようにしているのかなっていうのがあります。

＊――たしかに、その後、アイドル名を変えられた人もいますもんね。それにTwitterを見るかぎり、みなさん、あまりその話題には触れていないですし。

ともにゃん そうですね……。みんなにとっても、やっぱり本当につらいことだったんだって実感しました。

＊――ファンやまわりの人たちの反応はどういったものでしたか？

ともにゃん まわりからは、2通りの反応がありました。「やっぱり無理だったじゃねーか」っていうのと、「まだこの先長いからきっとうまくいくし、応援する」っていうのでしたね。

＊――やっぱり無理だったじゃねーか、はつらいですね。

ともにゃん そうですね。でも、どっちの反応もつらかったです。当時は、何もかも捨てたかったので、何を言われても傷つくばかりで。応援してくれた人には失礼ですが、あのころは、誰の話も何も聞いていませんでした。

＊――ゴルスタのサービス停止に伴い、運営側からともにゃんさんに対して、何か説明はあったんですか？

ともにゃん 運営からは、方針や運営が良くなかったといった説明がありました。ただ、「個人情報をTwitterでさらしてしまった」という明確なものではなかったです。

＊――えっ…、そんなものなんですね……。

ともにゃん はい。

＊――ちなみに、ともにゃんさんはゴールスターズの解散後、どんな活動をされているんですか？

ともにゃん 僕は今、普通の高校に通いながら、ちょこちょこファッションイベントに出てるって感じですね。

＊――それは、肩書は何になるんですか？

ともにゃん 肩書は……普通じゃない男子高校生？　ですかね（笑）。なんて言えばいいかわかりません（笑）。

―――なるほどなるほど。僕は、ともにゃんさんの夢を応援したいと思っているのですが「今後こうなりたい」「こういうことをやってみたい」というのがあれば教えてください！

ともにゃん 自分はとにかくファッションに関わる仕事がしたいです。ファッションが好きで、今なんかファッションのためだけにお金を貯めてるって言ってもいいくらいなので。でも、歌も好きです。ダンスも好きです。正直言うと、方向が定まりませんね（笑）。

―――それでいいと思います。その年齢で将来の目標が決まっている人のほうが少ないですよ。

ともにゃん ありがとうございます。とにかく自分の好きなことで、人を笑顔にできる仕事がしたいんです。僕がアイドルになったのも、ファンの笑顔が大好きだったからってのがあったので。自分が好きなことで人を笑顔にできるなら、それによって自分も笑顔になれると思うんです。

―――がんばってください、応援しています。

ともにゃん ありがとうございます。

―――それでは最後の質問です。もしも、ゴルスタが復活するならまた始めますか？　始めたいですか？

ともにゃん **ゴルスタが復活するなら、間違いなくまた始めます。**

インタビューは以上です。

今回のインタビューを終えた当初、僕が抱いた感想は、正直なところ「**この子、洗脳されてんじゃん……しかも、まだ解けてないし……こわっ**」でした。

散々つらい思いをさせられたのに、一切「運営批判」をしない彼のことが理解できなかったからです。もうその運営は存在しないというのに……。

しかし、インタビューを進めるうちに、ゴルスタが彼（または中高生の彼ら）にとって、とても大事な場所だったんだと気づきました。同世代が集まって、似たような境遇の者たちが「自分」を表現し合ったり、ときには、悩みを相談し合ったりしながら、お互いを認め合う。そこに大人が介入しない自由な空間。

そして、それは彼らの駆け込み寺として機能して、多くの中高生たちを救っていたのでしょう。そんな場所がある日いきなりなくなってしまったら、そりゃパニックになるのもわかります。さらにそこが「自分が一番輝ける場所」と思っていたなら、なおさらです。

べつにゴルスタを援護しているわけではありません。

むしろ、そんな大事な場所だったにもかかわらず、誠意のない運営をしたことは批判されて当然だと思います。ゴルスタの炎上は、大切な場所として大事にしてくれているユーザーよりも、「自分たち」を優先してしまっていたのが決定的な原因です。彼らの安全を守るためだった「見守り」が、いつしか彼らを締めつける「監視」になってしまっていたのが、まさにその象徴ではないでしょうか。

中高生向けSNSアプリはゴルスタなき後もたくさん、本当にたくさん乱立しています。今回のインタビューで思ったのは、これからのWebサービスやWebメディアに必要なものを考えるときに、「誠意」というのがひとつのキーワードになってくるのではないかということです。

この記事を執筆している今も、ガセネタばかり載せている医療サイトや、パクリ記事ばかり並べているキュレーションサイトが炎上しています。取材していない不確かな情報を載せていることや、パクって楽しようとしていることももちろん悪いのですが、「わざわざ自分たちのところに来てくれている人たち」に対する誠意がないことが諸悪の根源だと思います。

ただの1アカウント、ただの1PV（ページビュー）ではなく、その向こうにはひとりの人間がいることを、忘れてはいけない。そんなことを考えさせられるインタビューでした。

インタビューに応じてくれたということは、ともにゃんさんは「ゴルスタ消滅」を受け入れて、それを今まさに乗り越えようとしているのだと思います。

インターネットは、そんな彼が笑顔で使える場所であるべきです。

本当にキラキラネームは低い文化圏から生まれるのか？「きららちゃん」が語るキラキラネーム差別

僕の「セブ山」という名前は、もちろんライター名であり、本名ではありません。しかし、世の中には「え、それって本名なの⁉」という方々もいらっしゃいます。

たとえば、**騎士君**（ないと）や、**音符ちゃん**（どれみ）といった名前です。

世間では、そのような「人名としては一般常識から逸脱した珍しい名前」は、キラキラネームと呼ばれています。

そんなキラキラネームですが、ネット上では、しばしば批判の対象になっています。

「バカ親のせいで子どもがかわいそう」「名前は、親からの最初のプレゼントなのに……」「一体、親は何を考えているんだ?」といった否定的な声が、ほとんど。どうも世間では「親としての自覚がなく、子どもをペットか何かだと考えている文化レベルの低い層が自身の子どもにつける名前」と認識されているようです。

しかし、はたして、これは本当なのでしょうか?

時代と共に「名前の常識」は変化します。「友蔵」や「トメ」など、自分たちの祖父や祖母の時代に多かった名前が、今の自分たちの「名前の常識」と明らかに異なっているのも、また事実。

キラキラネームについて、バッサリと「ヤンキー親が悪い」と切り捨ててしまっていいものなのでしょうか?

そこで今回は、実際にキラキラネームを持つ女性にインタビューしてみることにしました。はたして、彼女は何を語ってくれるのでしょうか?

普通の名前で世の中に溶け込みたいです

＊──というわけで、本日はよろしくお願いします。

きらら はい、よろしくお願いします。

＊──さっそくですが、あなたのお名前を教えてください。

きらら 〝きらら〟です。

＊──念のため、確認ですが、本名ですか？

きらら はい、本名です。

＊──珍しいお名前ですね。ちなみに〝きらら〟とはどんな漢字を書くんですか？

きらら それを言うと個人を特定されてしまいそうなので、内緒にさせてください。

＊──わかりました。

きらら でも、**ギリギリ読めないこともない当て字です**。

＊──なるほど。ちなみに、年齢はおいくつですか？

きらら 23歳です。

＊──やはり、お若いんですね。自分自身で、自分の名前をキラキラネームだと思いますか？

きらら 思います。悲しいぐらいに思います。ダサいと思います……。

＊――ご自分のお名前は、あまり気に入っていないいんですね。

きらら　まったく気に入っていません。普通の名前に憧れます。

＊――普通の名前というと？

きらら　ゆかちゃん、りかちゃんみたいに違和感を抱かない名前にして世の中に溶け込みたいです。

ご両親はヤンキーなんですか？

＊――いつごろ、自分の名前はキラキラネームだと気づきましたか？

きらら　小学生ぐらいから思っていました。私が小学生のころはまわりにキラキラネームの人なんていなかったので、まさにキラキラネームの先駆けみたいな感じでした。

＊――そのときから、自分の名前は嫌だったんですか？

きらら　「どうして私だけこんな名前なんだ……」とは思っていました。

＊――名前のことについて、小学生時代に友だちから何か言われたことはありますか？

きらら　う～ん、名前でのイジメとかはなかったんです。でも、まわりに自分と同じような変わった名前の子がいなかったので、お母さんに「なんでこんな名前つけたの!!」って泣きついたことは何回かありました。

きらら　そのとき、お母さまはなんと仰っていたんですか？

＊――――　毎回、お母さんは真顔で「なんで泣くの？　きららって名前、かわいいでしょ‼」の一点張りでした。

きらら　なるほど……。

＊――――　……………。

きらら　そう考えると、やっぱり、ご両親はヤンキーなんですか？

＊――――　いえ、ヤンキーではないです。

きらら　え、ヤンキーじゃないんですか⁉

＊――――　全然、違います。むしろ、そこそこ有名な大学も卒業して、頭は良いほうだと思います。

きらら　じゃあ、一般に言われているような〝文化レベルが低いヤンキー親〟というわけではないんですね。

＊――――　そのはずなのですが。

きらら　ご両親は何をされている方ですか？

＊――――　普通の会社員です。頭が切れて真面目なので、会社でも肩書のある役職についているみたいです。

きらら　じゃあ、ご両親はなぜキラキラネームを命名されたんですかね？

＊――――　母は〝まさよ〟という名前なんですが、**自分のよくあるありきたりな名前が嫌だったら**

しくて、子どもは派手な名前にしたかったみたいです。

＊――なるほど。キラキラネームを命名した理由は、名前のコンプレックスからきているんですね。

きらら そのようです。そう考えると、まだ〝きらら〟で良かったと思います。

＊――というと、ほかにも名前の候補はあったんですか？

きらら あとから聞いたんですが、実は最初は、苺(いちご)ちゃんと名づけるつもりだったそうです。

＊――い、いちごちゃん!? それはなかなかですね……。

きらら もし、そうなっていたらと考えると……恐怖です。

＊――そうなると逆に、なんで〝苺ちゃん〟という名前をやめちゃったのか気になりますね。

きらら 最初は、苺が好きすぎて〝苺ちゃん〟にしようと思っていたらしいのですが、やっぱり派手すぎる→冬に生まれたから〝冬にまつわる漢字〟が入った名前にしたい→名前辞典ぱらぱら→冬にまつわる漢字が入った〝きらら〟を発見→珍しいしこれにしよう！となったみたいなのです。

＊――え、じゃあ、きららってお名前は名づけ辞典に載っている名前なんですか!?

きらら そうらしいですよ。

＊――とにかく〝名前の珍しさ・派手さ〟を一番に考えられた名前なんですね。じゃあ、いわゆる、名前に込めた意味っていうものはないんですか？

きらら ん？ どういうことですか？

＊――たとえば、〝正しい心を持った立派な人間になってほしいから「正人（まさと）」と命名しました〟みたいに、親が名前に込めた命名の理由です。

きらら　えっ⁉　みんな、そういうのがあるんですか？

＊――……いや、う〜ん、みんながみんなっていうわけじゃないと思いますが……。まあ、あってもなくてもいいものですからね。

きらら　本当ですか？　今、私、なんか気を遣われていませんか？

＊――……話を変えましょう！

就活に不利かどうかって議論はめちゃくちゃバカっぽくないですか？

＊――キラキラネームのせいで損したことはありますか？

きらら　病院で呼ばれるのが、とにかく嫌です。その場にいるみんながこちらを振り向きます。

＊――損したことというよりは珍しい名前の人あるあるですね。もっと何か損したことはありませんか？

きらら　男性からは、名前を呼ぶのが恥ずかしいと言われたことがあります。

＊――たしかに人前で「お～い、きらら～！」と呼ぶのは恥ずかしいかも。

きらら あと、40歳くらいになったときに「きららおばさん」って呼ばれるのは考えただけで泣きそうです。

＊――未来の危惧ですか。たしかに、キラキラネームが話題にあがったときに必ず言われる「年とったときに恥ずかしいのでは問題」はありますね。ちなみに、きららさんの現在のご職業はなんですか？

きらら 銀行で窓口業務をおこなっています。

＊――そうなんですね。銀行ってお堅いイメージですが、面接のときや入社後など、何か名前について言われたりしませんでしたか？

きらら う～～ん……。

＊――キラキラネームで損したこととして、職場でキラキラネームは差別されるという話をよく聞くのですが、そのあたりはどうでしょうか？

きらら 特に職場でそういった体験はないですね。すごい名前だねーぐらいのものです。たぶん、みんな、気を遣って何も言わないでくれているんだと思いますけど。

＊――就職活動のときはどうでしたか？ **キラキラネームは就活で不利になる**という噂も聞くんですが。

きらら 私は、不利だと感じたことはないですね。かと言って、得だとも思いませんが。

＊――なるほど。じゃあ、キラキラネーム否定派が喜ぶような、名前のせいで就活や出世で不利になった、という話はないんですね。

きらら ないですね。というか、そもそも、キラキラネームは就活に不利かどうかって議論はめちゃくちゃバカっぽくないですか？　優秀な人材を必死に探している企業が、名前で判断するとはとても思えないんですよね。

＊――たしかに、言われてみると、そのとおりかも。

きらら 実際に、そんな会社があったとしても、名前で判断するような会社に入りたいとは思わないし、たぶん、そんなバカな会社はすぐに潰れると思いますよ。

＊――仰るとおりです。正論です。

きらら そういう都市伝説的な話は全部、なにかにつけてキラキラネームをバカにしたい人が勝手に捏造した作り話なんじゃないですかね。

＊――じゃあ、逆に、名前で得したことはありますか？

きらら 得したこと……？　う～ん、得したことは一切ないですね。

＊――僕の予想としては、初対面の人に覚えてもらいやすいっていうメリットがあるかなと思ったんですが、どうですか？

きらら たしかに覚えてもらいやすいっていうのはありますが、**初対面の人との飲み会のときは大抵、名前の話だけで終わる**のはムカつきます。私は今後、あと何回、この不毛な時間を過ごさないといけないんだって思うので、結局は損していますね。

＊――なるほど。キラキラネーム側から見たら、もうその話（名前いじり）には飽き飽きしているんですね。

きらら そうです。それに〝名前をすぐ覚えてもらえる〟っていうのは、諸刃の剣で、下手なことをしたらすぐに噂が広まって、なかなか悪い印象は消えてくれないんです。

＊――あー、たしかに！　僕の地元に珍しい名前の放火魔がいて、もうそいつは罪を償って出所したんですが、いまだにその名前の珍しさから、地元では火事があったらそいつの名前が話題にあがりますからね。

きらら 人の噂も七十五日とは言いますが、キラキラネームの人はたぶん、それよりも長いです。

＊――そんなキラキラネームですが、本気で改名しようと思えば、法的な手続きを踏んで、正式に改名できるみたいですが、それはお考えではないですか？

きらら ほかの人の記憶とかも、全部入れ替わってくれるならぜひそうしたいですが、そんなうまい話はないので……。今さら、改名しましたってみんなに言うほうが恥ずかしいなと思います。

＊――ちょっとわかるような気もします。

きらら もう23にもなると、自分の名前は好きじゃなくても、もうこの名前で生きていかなきゃという半ば諦めみたいなものも出てきているので。

＊――いいこと言いますね。スヌーピーの名言botみたい。

キラキラネームって言葉が生まれて、差別が助長されている

*――正直、世の中のキラキラネームに対する風当たりはキツいですが、それについてどう思われますか?

きらら 腹が立ちますが、でも、キラキラネームをバカにする気持ちはわかります。

*――そうなんですか!?

きらら この間、はじめて「きらり」って名前の子に会ったんです。そのときに私、「**やった! 勝った!**」と思ったんです。

*――え? それはつまり、自分よりすごいキラキラネームを見ると「自分はまだマシだ」と思うってことですか?

きらら そうです。思わず、ほくそ笑んじゃいました。「いえーい! 上には上がいるー! ヒャッホー! 勝ったぜ!」って狂喜乱舞しました。

*――まさか、キラキラネームにカーストが存在するとは。

きらら まあ、だから、自分がキラキラネームのくせに、ほかのキラキラネームに対して「うわーーwwwwカワイソスwwwww」って思うので、そりゃ、普通の人も、そう思うだろうなと気持ちは理解できます。

*――キラキラネームもキラキラネームに対して、そう思うんですね。

きらら まあ、でも、やっぱりキラキラネームを差別するような意見や、メディアの煽り方には腹が立ちま

すね。

＊――そういったキラキラネーム差別は、どうしたらなくなると思いますか？

きらら そもそも、キラキラネームっていう呼び名が悪いんだと思います。

＊――と言いますと？

きらら 私が子どものころはキラキラネームなんて呼び名がなかったので、「変わってるね」とか「スゴいね」ですんでいたんですよね。でも、キラキラネームっていう言葉が生まれて、差別が助長されているように思います。

＊――なるほど。キラキラネームという言葉が誕生したせいで〝バカにしていいもの〟になってしまったんですね。

きらら 変わっているねって言われても、あまり何も思いませんが、キラキラネームだねって言われると、ちょっと嫌な気持ちになるときがあったりします。

＊――たしかに、「キラキラネームだね」という言葉の中には、珍しい名前だねという意味のほかに「**お前の親はバカなんだね**」という意味も暗に含まれているかも。

きらら だから、キラキラネームという言葉が一般的になった今となっては、なかなかキラキラネーム差別はなくならないとは思いますが、名前の多様性は進んでいるので、だんだん減ってくるといいなぁとは思います。

＊――それでは、きららさんに最後の質問です。

きらら はい！

＊――自分に子どもが産まれたら、どんな名前をつけますか？

きらら 自分の子どもにつける名前は、ちゃんと漢字の読みどおりに読めて、日常生活で違和感を持たれない当たり障りのない名前をつけたいです。

＊――やはり、そうなんですね。

きらら 出産の予定どころか、結婚もまだですが、実は、もう子どもにつける名前は決めてあるんです。

＊――どんなお名前ですか？

きらら **ギャルゲーのヒロインの名前をつけたいです。**

＊――……はい？

きらら ギャルゲーのヒロインの名前です。

＊――えっと、ギャルゲー、お好きなんですか？

きらら ギャルゲー大好きです！

＊――では、そのゲームに登場するキャラクターの名前をつけたいってことですか？

きらら そうです！　キラキラネームより、オタオタネーム（オタク趣味っぽい名前）のほうが、よっぽどマシだと思う！

＊――すみません、僕はあまりゲームをやらないのでピンとこないんですが、〝ギャルゲーのヒロインの名前〟とはどんな

きらら　名前なんですか？

『WHITE ALBUM2』の**雪菜**（せつな）**ちゃん**とか、『STEINS;GATE（シュタインズゲート）』の**鈴羽**（すずは）**ちゃん**、『車輪の国、向日葵の少女』の**夏咲**（なつみ）**ちゃん**とか。

＊――ごめんなさい、僕にはキラキラネームと同じように思えるんですが……。

きらら　キラキラネームじゃないですよ！　ギャルゲーって、読み方は普通だけど、漢字が変わっていて、字面がかわいいキャラが多いんですよ！　そこが素敵だなとよく思っているので、自分の子どもには、絶対そういう名前をつけたいです。

＊――たしかに、ちゃんと漢字の読みどおりに読めて、日常生活で違和感を持たれない当たり障りのない名前ですが、なんか違うような気がする……。

きらら　そうですか？

まとめ

インタビューは以上です。

この内容を踏まえまして、僕はあるひとつの答えにたどり着きました。

●結論

キラキラネームは、名前のコンプレックスから生まれる。

キラキラネームの誕生には、両親の「（自分の名前は）どこにでもある普通の名前だから」「（私の名前は）古風な名前で全然かわいくなかったから」といった**自身の名前に対するコンプレックス**が大きく影響しているようです。

今回のインタビューを通して、キラキラネームは、世間で誤解されているような「親としての自覚がなく、子どもをペットか何かだと考えている文化レベルの低い層が自身の子どもにつける名前」では決してなく、むしろ、子どものことを一番に考えた愛情の先にあるものだと感じました。

運動神経にコンプレックスがある親が、自分の子どもはそうならないようにスポーツを習わせたり、学歴にコンプレックスがある親が、自分の子どもをたくさん塾に通わせたりするのと、なんら違いはありません。

すべては、**親の愛情**から生まれているのです。

キラキラネームが良いのか悪いのかという議論はさておき、キラキラネームの仕組みに、少し気づけたように思います。

編集後記

今回のインタビューのなかで、きららちゃんは「〝きらら〟という名前は、名づけ辞典に載っていた」と言っていました。これが本当なのかどうか気になったので、取材後、さっそく名づけ辞典を調べてみることにしました。

きらら／紀良羅　稀来羅
きらり／姫良梨　季良莉
出典：『幸せがずっと続く　女の子の名前事典』（田口二州／新星出版社）p76

すると、たしかにきららちゃんの言っていたとおり、名前辞典には「きらら」が載っていました。その隣には、「きらり」も。たまたまこの本にだけ載っていたというわけではなく、今回、調べたすべての名づけ辞典に「きらら」は載っていました。

いちご／苺　伊智冴
れもん／玲文　令紋
出典：『幸せがずっと続く　女の子の名前事典』（田口二州／新星出版社）p66,134

また、きららちゃんが「もしかしたら、そうなっていたかもしれない」と言っていたもうひとつの名前候補、「いちご」も名づけ辞典に載っていました。念のため、ほかのフルーツも調べたところ、「れもん」「りんご」「すいか」ちゃんは確認できました。

これは、なにも僕が特殊な本を見てギャーギャー騒いでいるわけではなく、ごく普通に書店で販売されている名づけ辞典の話です。

今や、どの名づけ辞典でも、最初のページには命名の注意点として「**社会で受け入れられやすい名前にする**」と記されています。要するに、「キラキラネームはやめましょう」と言っている名づけ辞典が、キラキラネームをオススメしているのです。

これは一体、どういうことなのでしょうか？　そのヒントは、インタビューの中できららちゃんと交わしたこの会話にありました。

＊――じゃあ、いわゆる、名前に込めた意味っていうものはないんですか？

きらら　ん？　どういうことですか？

＊――たとえば、〝正しい心を持った立派な人間になってほしいから「正人（まさと）」と命名しました〟みたいに、親が名前に込めた命名の理由です。

きらら　えっ⁉　みんな、そういうのがあるんですか？

「こういう大人になってほしいから」と、その名前に意味を込めて命名することがこれまでの時代は主流でしたが、今は特に名前に意味は求められていないようです。

では、何が求められているのかというと「響き」です。名づけ辞典はほぼすべてが「響きから名前を考える」という項目に多くのページを割いていました。名前の「響き、音、語感」を優先させ、その響きにはまる漢字をあとから考える、というのが今の主流のようです。

ではなぜ、「名前の響き」を優先するようになっていったのでしょうか？

それは、現在の名づけ辞典が「グローバル社会に適した名前」を強く勧めていることが原因ではないかと思います。名づけ辞典を読み込むと、あちこちに「グローバル社会を見据えて～」「世界に羽ばたける名前を～」という記述が登場します。要するに、海外でも発声してもらいやすい名前、外国人にも覚えてもらいやすい名前、外国語で発しても意味が通じる名前、をオススメしているわけです。たとえば「澄快（スカイ）」（英語で「空」）や「央武（オウブ）」（フランスで「夜明け」）など。しかし、日本人から見ると「人名っぽくない名前」に聞こえるため、その違和感から「キラキラネームだ！」と感じてしまうわけです。

繰り返しになりますが、一部の名づけ辞典を取り上げて、さらし上げているわけではなく、ほぼすべての名づけ辞典がこんな感じです。べつに「キラキラネームの元凶は名づけ辞典だ」と言いたいわけではなく、これが今の名づけの常識なんです。

名前の常識は、すでにあなたの知らないところで変わり始めています。

数年後には、今、私たちが「キラキラネーム」と呼んでいる名前が主流になるでしょう。現に、キラキラネームの対義語として「しわしわネーム」というおじいさんおばあさんっぽい古臭い名前を揶揄する言葉も誕生しています。

いつまでも「ちょwwキラキラネームwwwwワロタwwww」とバカにしていると、今度はあなたが笑われる番が来るかもよ、というお話でした。

セブちゃんの
インターネットことわざ

交際ステータスは婚期を逃す

彼氏ができるごとにいちいちFacebookの交際ステータスを「交際中」に変える女は、彼氏よりも「彼氏に愛されている私」を愛しているだけなので、ちょっとしたことですぐ別れがち。そんな交際ステータスをいちいち変える女を見て、男たちは「結婚に焦ってそうだな……」「つきあったら俺も、〇〇さんと交際中って書かれるのかな……」とドン引くばかりなり。いつしか彼女は婚期を逃してしまう……という恐ろしい言い伝え。

どんな投稿でも必ず〝いいね!〟してくるヤツは一体どういうつもりなのか?

世界最大のソーシャル・ネットワーキング・サービス、「Facebook」。全世界にユーザーが存在し、その数は8億人以上とも言われています。最大の特徴は、ほかのユーザーの投稿に〝いいね!〟できるということ。

これにより、「今日は上司に褒められた!」↓〝いいね!〟、「好きな子に告白したらOKをもらえた!」↓〝いいね!〟と、友だちや知り合いとインターネット上で交流を深めることができます。

素晴らしい機能ですよね。

本当に素晴らしい機能だと思います……。

でもね……。

僕の友だちリストのなかに、めちゃくちゃ〝いいね！〟を押してくるヤツがいるんです。

どれくらい押してくるのかというと、僕の投稿、ほぼすべてに〝いいね！〟を押してくるんです。「懸賞に応募しました」というくだらない通知にも。ちゃんと投稿できているか試した「テスト」とだけ書かれた投稿にも。ここまで来ると「**お前、本当に〝いいね！〟と思っているのか？**」という疑問が出てきます。

というわけで、どんな投稿でも必ず〝いいね！〟してくるヤツはいったいどういうつもりなのか？　何を考えているのか？　ということを直接、本人に聞いてみたいと思います！

さっそくFacebookのメッセージ機能を使って、「ちょっと相談したいことがあるんですが、お時間いただけませんか？」と送ってみたところ、すぐに「いいですよ！」と返信がありました。後日、喫茶店で待ち合わせをして、実際に会うことに。以下は、そのときのインタビューです。

〝いいね！〟をつかさどる者

✴────どうも！　お久しぶりです！

いいね！　ご無沙汰してます！　どうもです！

✴────急にお呼び出ししてすみませんでした。

いいね！　いえいえ、全然大丈夫ですよ！　で、今日はどうしたんですか？

✴────おっ、いきなり本題に入っちゃいます？　逆に、今日はなんの話だと思って来てくれました？

いいね！　相談っていうから、何かなと思ってずっと考えていました。僕、最近、貧困を支援するNPO法人にボランティアとして関わっているんですけど、その相談なのかなぁと。「生活に困っているのかな、セブ山さん……」と思って来ました。

✴────ああ、なるほどね。

いいね！　だからいろいろ調べてきましたよ。まさかと思って。いろいろ質問されたときに答えられなきゃまずいですし。

✴────NPO法人の？　貧困を支援するための？

いいね！　はい、生活保護の手続きとか。

✴────なるほど。ありがとうございます。まぁ、でも、全然違います。その件じゃないですね。あと、べつにお金には困っていませんよ……。

いいね! すみません! そういう意味じゃなくて、もし、万が一のことがあって、答えられなかったら困るなと思って! いろいろ紹介するところも探しておいたんですよ!

*――大丈夫ですよ! わかってます! 僕のために調べてきてくれたんですよね! わかってます! でも、今回はそれじゃないんです。

いいね! それじゃないんですか?

*――それじゃないです。今日いろいろ聞いてみたいなと思ったのは、あれなんですよ。めっちゃ僕のFacebookに〝いいね!〟するじゃないですか、あなた。

いいね! あ、それかぁ!

*――それです。その件についてお話を聞きたくて。

いいね! 僕ね、**いいねジェリスト**って友だちに呼ばれているんですよ。

*――え、なんですか?

いいね! **いいねジェリスト**。

*――いいねジェリストって?

いいね! いいねジェリストって「〝**いいね!**〟**をつかさどる者**」っていう意味の友だちが作ってくれた造語なんです。

＊――――そういうふうに、友だちに呼ばれているんですか？

いいね！　そう。僕の〝いいね！〟は、いいねジェリストの〝いいね！〟って呼ばれているんです。

＊――――それってまわりはどういう意味で言ってくるんですか？　どう考えてもバカにされているようにしか思えないんですが……。

いいね！　バカにして言ってくるヤツもいますね。だけど、なかには本当に感謝して言ってくれている人もいます。

＊――――「たくさん〝いいね！〟してくれてありがとう」みたいな？

いいね！　そうです。たとえばブログを更新したことをFacebookにアップするじゃないですか。それで、ブログって「読まれたい」って思っている人がたくさんいるじゃないですか。〝いいね！〟を押すと拡散されるんです。

＊――――拡散されるっていうのは、つまり、〝いいね！〟を押すことによって何度もタイムラインに上がってくるってことですか。

いいね！　そうです、そうです。だからむしろ「〝いいね！〟をたくさん押してくれ！」って言う人が大勢います。

＊――――ああ、なるほど。それで「〝いいね！〟を押してくれてありがとう」ってことですね。

いいね！　そう、だから彼らにとって〝いいね！〟を押してくれる人はスゲー貴重な存在で、親近感を持って僕のことを「いいねジェリスト」と呼んでくれます。

＊――なるほどなぁー。でも、僕にはやっぱり「いいねジェリスト」って、バカにされているようにしか聞こえません……。

いいね！ たしかに、セブ山さんが仰ったように、内心、バカにしている人もいるかもしれません。たまに、バカにするのを通り越して、僕の〝いいね！〟にムカっとする人もいるみたいです。そういう人たちには直接メッセージで「やめてください」って言われます。

＊――え、はっきり「やめてください」って言われちゃうんですか？

いいね！ 「**〝いいね！〟を押さないでください**」って言われます。

＊――う〜ん、ちょっとそれもわからないなぁ……。なんで、わざわざ「〝いいね！〟を押さないでください」って言ってくるんですか？　ほっとけばいいのに。

いいね！ それはたぶん、「（投稿した内容を）ちゃんと読んでないのに押すな」ってことですね。怒ってくる人は、例外なく投稿の内容がスゲー長文なんですよ。伝えたい想いが強いぶん、読んでくれなかったら嫌だ、というカウンターが強いんだと思います。

＊――なるほど、おもしろいですね。「自分の投稿を読んでもらいたい」という気持ちは、〝いいね！〟に喜ぶ人も怒る人も一緒なんだ。

いいね！ 〝いいね！〟って不思議ですよねぇ。

＊――実際、どうなんですか？　投稿された内容はちゃんと読んでいるんですか？

いいね！　**ほとんどの文章は半分くらいしか読んでないです。**

＊――いや、やっぱりそうですよね！　〝いいね！〟を押してくれた僕の記事も、おそらくちゃんと読んでくれてないですよね？

いいね！　ちゃんと読んでいたら、あんなに〝いいね！〟を押せないですよ。

＊――そうですよね……。そう思っていましたよ。僕の記事だけでも相当な数を〝いいね！〟してくれているので、「これ本当に全部読んで、〝いいね！〟と思ってくれているのかなぁ」って。

いいね！　それは〝いいね！〟と思ってないです。記事に対して〝いいね！〟ってわけじゃないんです。

＊――えっ!?　〝いいね！〟って思ってないの!?

いいね！　**〝いいね！〟の幅が人と違うんです。**

＊――ん？　どういうことですか？

あなたが生きている今日への〝いいね！〟

いいね！　っていうのは、友だちの投稿が、だいたいポジティブだったとしたら「そのことがすでに〝いいね！〟じゃないか」って思うんです。だから、〝いいね！〟の価値観が人と違うんですよ。

*――つまり、**「あなたが元気にFacebookに投稿できていることがすでに〝いいね！〟じゃないか！　〝いいね！〟」**っていう意味で押していると？　決して、記事を読んで〝いいね！〟と思ったわけではなく？

いいね！　そうそう！　もちろんブログや記事は途中までしか読んでいないんだけれど、ブログの内容なんかより、あなたが生きている今日はどんなに素晴らしいだろうってことです！　決して、偽りの気持ちで〝いいね！〟しているわけではありません！

*――なんかそれだけ聞くとブルーハーツの歌詞みたいですね……。じゃあ、あなたにとって、いや、いいねジェリストにとって〝いいね！〟って何なんですか？

いいね！　僕の感覚では〝いいね！〟っていうのは「こんにちは」とか「おはようございます」っていうことなんです。友だちに会ったときに「おはよう」っていうノリで〝いいね！〟って押すような感じです。

*――〝いいね！〟はあいさつと一緒だと。じゃあ「〝いいね！〟を押せないヤツはあいさつできないヤツと一緒」ってことですか？

いいね！　そこまでは言わないですが、できない人はできないでいいと思っています。自分ができるからといって人に強要したりはしないし、もちろんやろうとも言わないです。ただ、〝いいね！〟を押したらもっと楽しいのに、とは思います。あっ、そういう意味では、**ハイタッチするような感**

覚ですかね。

＊――なるほど。でも、そうなると気になってくるのは、いいねジェリストは逆にどんなときに〝いいね！〟を押さないのか？っていうことなんですが、〝いいね！〟を押さないときもあるんですか？

いいね！ もちろん、ありますよ。たとえば、事故に遭いましたとか、身内に不幸がありました、といった投稿には〝いいね！〟してないんですよ。じゃあ、どうしているかというと、コメントをしているんです。「お大事にしてください」とか。

＊――なるほど、それはいい意味じゃないから〝いいね！〟は押さないってことですね。

いいね！ そこはね、いいねジェリストのこだわりなので。〝いいね！〟じゃないやつには〝いいね！〟しないんですよ。全部コメントなんですよ。

＊――あれ？ でも、ちょっと待ってください。それって、Facebookのタイムラインすべてに反応していることになりますよね？

いいね！ はい、可能なかぎりタイムラインの投稿には反応するようにしています。今、僕の友だちリストには約300人いるので、けっこう大変ですが、がんばっています。

＊――いいねジェリストって過酷な職業なんですね……。

いいね！ 職業ではないですけどね。

今後も〝いいね！〟を押し続けますか？

＊――じゃあ、Facebookはもう生活の一部みたいになっているんじゃないですか？

いいね！　Facebook大好き！　最近はTwitterも大好きなんです。リツイートしまくってます。

＊――他のSNSもそういう使い方をしているんですね。

いいね！　そうですね。ブログを書いている方をリツイートすると喜ばれますね。だから、リツイートばっかりしていますね。自分の投稿はあまりないかも。

＊――Twitterではリツイートが〝いいね！〟みたいなことになるんですね。Facebook以外で使っているのは、Twitterくらいですか？

いいね！　あとは、LINEですかね。LINEも1対1よりもグループにしてやるほうが楽しいと思ってます。

＊――でも、LINEは〝いいね！〟みたいな機能はないですよね？　どうしているんですか？

いいね！　LINEは「既読」がつく！「見てるよ」っていう！　それが〝いいね！〟の代わりです。

＊――な、なるほど……。

いいね！　だから、僕、既読にするのはめっちゃ早いんですよ！　来た、見る、来た、見る、みたいな！　既読スルーはしない！

＊――そうですか……。

いいね！　……あれ？　セブ山さん、引いてますか？

＊――い、いや、引いてはいないですよ！　ただ、自分の使い方とは全然違うなと思いまして……。でも、どうして、そこまで過剰に、〝いいね！〟を押したり、リツイートしたりするんですか？　何かメリットがあるんですか？

いいね！　やっぱり、覚えてもらえることですかね。1回しか会ったことがない人でも、久しぶりに顔を合わせれば「いつも〝いいね！〟してくれる方ですよね？」と言ってくれたりします。会ったことがない友人の友人にも「あっ、〝いいね！〟さんだ！」みたいな感じで話しかけられたりもします。

＊――「〝いいね！〟さん」って呼び方は絶対にバカにされてると思いますけどね。

いいね！　それでもいいんですよ。覚えてくれていることがうれしいから。だから、〝いいね！〟をたくさん押していると、ちょっとだけですけど、仲良くなるのが早くなるんです。「いつも〝いいね！〟を押してくれる人」って覚えてもらえるから。

＊――なるほど。じゃあ、みんなももっと〝いいね！〟したほうがいいですかね？

いいね！　〝いいね！〟していいんじゃないですかね。〝いいね！〟はもっと軽くていいんじゃないかと思います。「本当に〝いいね！〟と思ったときにしか押さない」って言う人ももちろんいていいんだけど、もっとこう〝いいね！〟を軽く押す人が現れてもいいんじゃないでしょうか。そのほうがもっとおもしろくなるんじゃないかなって思います。

＊――――そうかもしれませんね。それでは、最後にひとつだけ質問させてください。

いいね！　はい、なんでしょうか。

＊――――今後も〝いいね！〟を押し続けますか？

いいね！　押し続けます。**この世界を〝いいね！〟と思えるかぎり。**

編集後記

この記事を書いたあと、この「いいね！さん」からの〝いいね！〟が激しさを増しました。もともと〝いいね！〟を押しまくる人だったのですが、取材をしたことにより「セブ山さんはボクの理解者だ」と思われたようです。

彼は〝いいね！〟を「ハイタッチするような感覚」だと言っていました。でも、想像してみてください。自分が何かを発言するごとに「いえーい！」「うぇいうぇ〜い！」と何百回、何千回とハイタッチをしてこられたら、どうでしょうか？　ノイローゼになりますって。

〝いいね！〟さん。もし、この本を見ていたら、お願いだから、もう僕の投稿に〝いいね！〟を押さないでください。ごめんなさい、許してください……気が狂っちまうよ……。

そんなわけで、この取材を通して僕は〝いいね！〟について考えさせられる結果になりました。Facebookにかぎらず、今や、ほとんどのSNSに〝いいね！〟機能がついています。

〝いいね！〟って一体、何なんでしょうね。

先日、普段あまり〝いいね！〟を押さない人が、珍しく僕の投稿に〝いいね！〟を押してくれていました。それを見て「ああ、本当にいいね！と思ってくれたんだな」とうれしい気持ちになったのは確かなので、決して悪いものではないと思います。そこで気づいたんですが、結局、〝いいね！〟を押されてうれしく感じるか薄気味悪く感じるかは「普段のその人との関係性」によるんじゃないかと。

「プロジェクトリーダーに任命されました！　成功させられるようにがんばるぞ！」という投稿をしたとしましょう。いつも仕事をがんばっていて、その姿に憧れている先輩に〝いいね！〟をつけられたらうれしい。人の悪口ばかり言っている大嫌いな同僚に〝いいね！〟をつけられたら、何か裏があるんじゃないかと思って薄気味悪い。

「友だちと海に行ってきました！」という水着姿の写真を投稿したとしましょう。少し気になっている男性から〝いいね！〟を押されると、私のことをちゃんと見てくれているんだとますます好きになる。職場でいつもセクハラまがいのことをしてくる窓際ジジイに〝いいね！〟を押されたら、身の毛がよだちます。

いくら闇雲に〝いいね！〟を押してみたところで、現実世界で相手との距離が縮まっていなかったら、その〝いいね！〟にはなんの意味もない……のかもしれません。

第3部
ネット活用術

Twitterは「第三者目線」でツイートしたほうがウケることが判明

セブ山
@sebuyama
フォローする

小5の息子が「無地の招き猫」を欲しがるので、変なもの欲しがるなと思いながら買ってあげたら、色を塗って「ジバニャンの招き猫」を作ってた。なるほどなぁ。

5,980 リツイート　3,469 いいね

6:17 - 2015年4月23日

21　5,980　3,469

突然ですが、先日、僕が投稿したこちらのツイートをご覧ください。

「小学5年生の息子が、人気キャラクターを模した招き猫を作った」というこちらのツイート。現時点で約6000RT（リツイート）されています。「息子さん天才！」「小5にしてこのセンスすごい！」といった称賛のリプライをたくさんいただきました。

ありがとうございます。息子も喜んでおります。

ただ、ひとつ謝らなければいけないことがあります。

それは……、

僕に小5の息子などおりません。

胸元の大きく空いたタートルネックセーターが話題ですが、ここでセーター1枚で冬を越す画期的な着こなしをご覧下さい

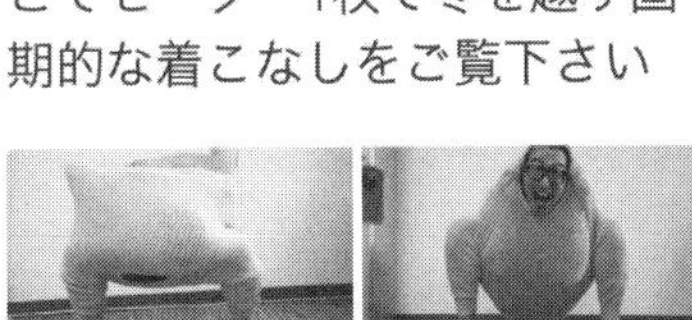
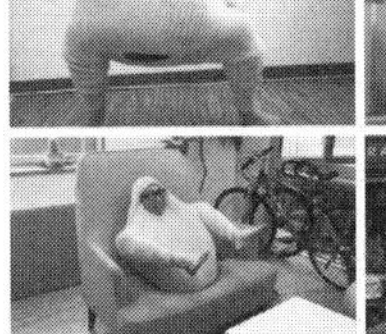

この招き猫も自分で塗って作りました。

では、なぜこのような虚偽の投稿をしたのかというと、ことの発端は、あるひとつのツイートでした。

それが、上のツイート。

僕が過去に書いた「［暖房いらず］たった一枚のセーターで極寒の冬を乗り切る方法」という記事の一部を無断で使用したツイートです。引用元のURLも一切、貼られていませんでした。ちょうど胸元が大きく開いたタートルネックセー

ターが流行っていたタイミングだったので、このツイートは約5000RT、約3000いいねを稼いでいました。

そこで僕も、まったく同じ内容でパクツイしてやりました。

自分の書いた記事から、画像をパクったヤツのツイートを、自分でパクる。SF小説なら、このまま無限ループの輪の中に閉じ込められてしまいそうですが、現実はもっとシビアでした。（左画像）

悲しいことに、僕のツイートは約230RT、約160いいねしか稼げなかったのです。正直ムカつきましたが、最近、このようにどこからかパクってきたような画像に「ちょwwwなんぞコレwwww」「これ考えたやつ天才」「ここで○○をご覧ください」といったキャプションをつけて投稿しているツイートをよく見かけます。場合によっては、本家のツイート以上にリツイート数を伸ばしているケースすらあります。

第1部の1章では、ツイート文を丸ごとパクる「パクツイ」の残念さについての記事を書きましたが、これもある種のパクツイであると僕は考えます。しかし、今回の記事は、それらの

「画像だけ拝借おじさん」を糾弾したり、ネットリテラシーの啓発をしたりしたいわけではありません。

僕はこの経験であることに気づいたのです。

それは、**パクった画像をツイートしているヤツらは、ほとんど「第三者目線」の一言コメントを載せている**、ということです。

では、なぜ、第三者目線の投稿が多くなるのでしょうか？

僕なりに彼らの目線で考えてみた結果、ある仮説にたどり着きました。はっきり「僕がやりました」「僕が作りました」と書いてしまうと、明らかなパクツイになってしまいますが、第三者目線でツッコミを入れることにより「たまたまその記事を見た読者」という立場になれて、責任の所在があやふやにできるからです。

先ほどのセーターのツイートを例に考えてみると、「画像だけ拝借おじさん」がはっきり「私がやりました」とツイートしていれば、「いや、嘘だろ！　勝手に画像を使うな！」と指摘できます。しかし、善良な読者のフリをして、第三者目線で「ここで○○をご覧ください」とツイートされると、こちらもズバッと「勝手に画像を使わないで！」とは言いづらくなります。

たとえ指摘できたとしても、おそらくネットリテラシーが低い人たちからは「せっかく宣伝してあげてるのに何様だよ！」「インターネット上にある画像を、インターネットで勝手に使って何が悪いわけ？」と、めちゃくちゃな論理で逆ギレされる未来が待っています。

そんな人の相手をその都度したくないので、泣き寝入りするという選択肢しか残されていないことになります。ほんと、よくできた仕組みですよね。

このように、画像だけ拝借おじさんたちにより「パクリの逃げ道」として「第三者目線のコメントをつけてツイートする」というテクニックは確立されていきました。

しかし、パクリの逃げ道として考案された第三者目線ですが、思わぬ副産物を生み出すことになります。

それが**「笑いのハードルが下がる」**というメリットです。

「私がこんなおもしろいことしました」というよりも、「たまたま、こんなもの見つけたんだよね～」と言ったほうが、明らかに「笑いのハードル」は下がり、よりウケやすくなります。どうやら、この「第三者目線」というのは、Twitter でウケるには重要なポイントのようです。

しかし、ここまではあくまで僕の仮説にすぎません。

そこで、「Twitter は第三者目線でツイートしたほうがウケる」という仮説が本当に正しいのか検証してみることにしました。

とはいえ、誰かの書いた記事から画像を勝手にパクるわけにはいかないので、過去に自分が投稿したツイートからセルフパクツイして実験してみることにしました。

そこで、用意したのが冒頭にも登場した「無地の招き猫」です。これに色を塗って、以下の一連のツイートを投稿しました。

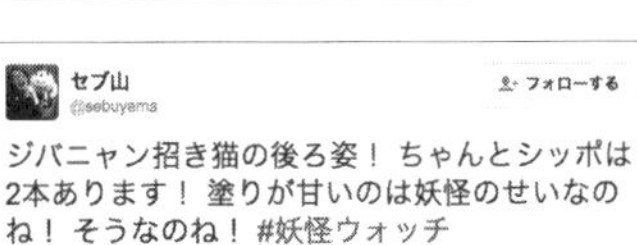

ここでは、はっきりと「僕が塗った」と発言して投稿しています。こちらの本人目線のツイートは、合計で約240RTを記録しました。このように、8ヵ月前に伏線を張っておいたわけです。
そして、ようやく冒頭に登場した嘘ツイートにつながります。

セブ山
@sebuyama
フォローする
小5の息子が「無地の招き猫」を欲しがるので、変なもの欲しがるなと思いながら買ってあげたら、色を塗って「ジバニャンの招き猫」を作ってた。なるほどなぁ。
5,980 リツイート 3,469 いいね
2015年4月23日

いかがでしょうか？

セルフパクツイした結果、「僕が作った」として投稿したときよりも、「小5の息子が作った」という第三者目線の投稿のほうが、約24倍もリツイートされました。

このように「自分がやった」と言うよりも、「たまたま見かけた」「お母さんがこんなことを言っていた」「子どもがやった」「友だちがこんなものを作った」と言うほうが、一気にグンッとハードルが下がり、そのぶん、たくさんウケることがわかりました。

僕が提唱した「Twitter は第三者目線でツイートしたほうがウケる」という仮説は、どうやら正しかったようです。

●研究結果

Twitterは「第三者目線」でツイートしたほうがウケる！

でも、そう考えると、Twitterのすべてが怪しく感じられます。

保育士さんをアッと驚かせるような大人びた発言をする幼稚園児は、本当に存在するのでしょうか？

インターネットに疎いはずなのに、急に真理を突くような鋭い指摘をしてくるおばあちゃんは、本当に存在するのでしょうか？

その場がスカッとする痛烈な一言を言い放つ女子高生は本当に存在するのでしょうか？

Twitterにあるすべてのツイートが嘘だとは言いませんが、リツイートする前に「これは事実なのかどうか」を考えるくらいのネットリテラシーは持っておきたいものです。

「本当にこの人が撮影した写真なのかな？」「この情報は正しいのかな？」と、確認する心を持つことが、パクツイを蔓延させたり、デマを拡散させたりすることを防止する第一歩なのではないでしょうか。

「その都度、そんなことをしていたらインターネットがおもしろくなくなる」という意見を目にしますが、これはまったく正反対で、インターネットをもっとおもしろく楽しい場所にするために必要なことだと僕は思います。


というわけで、存在しない小学5年生のことを褒めてくださったみなさま、すみませんでした！

どうか許してください！

僕に子どもが生まれたら、ちょうど小学5年生のときに、本当に無地の招き猫を買い与えて、塗らせますので！　嘘のツイートを時間をかけて、事実にします！

それでは、そのときにまたお会いしましょう！　さようなら。

編集後記

いまだに、たまに「息子さんはお元気ですか？」「お子さんはいくつになったんですか？」と聞かれます。そのたびに「いや、あれは実験でして……」と訂正しています。面倒臭い。

嘘のツイートをした自分が悪いのですが、**「ガセネタはたくさん拡散されるが、ガセネタを訂正する情報は拡散されづらい」**ということを身をもって痛感することとなってしまいました。

ガセネタは拡散されるが、ガセネタを訂正する情報は拡散されづらい、というのは今までインターネットを見ていてなんとなく感じていたのですが、今回のケースではっきりと確信に変わりました。僕の場合は、5歳の息子がいるかいないかという話なので、実害はありません。（もしかしたら、僕の大ファンでマジでつきあいたいと思っていたけど「ご結婚されているなら諦めよう……」と離れていってしまった若くてかわいい女の子がいたとしたら、それは実害はあります。たのむ！　戻ってきてくれ！）

しかし、もしこれが「あの芸能人は実はあの事件の犯人で、当時は未成年だったから厳しく罰せられずにノホホンと生きている」「あの商品には実は人体に悪影響を及ぼす成分がたくさん入っている」といった悪質極まりないガセネタだったとしたらどうでしょうか？

こんな話が拡散されたら、仕事が減ったり、商品が売れなくなったり、目に見えてはっきりと害が発生しますよね。慌てて本人や会社が「事実と異なる情報が拡散されていますが、あれは嘘です」と発表しますが、最初のガセネタほどは広がりません。なので、その嘘をずっと信じたままの人も発生してきます。

悲しいことですが、現実にこういうことが起こっています。

ではなぜ、ガセネタは拡散され、ガセネタを訂正する情報は拡散されないのでしょうか？

それは**「ガセネタはおもしろくて、ガセネタを訂正する情報はおもしろくないから」**です。

拡散されるガセネタはいつも衝撃的な内容で、「おもしろい」です。「え、あの芸能人ってあの事件の犯人だったの⁉」「え、あの商品って身体に悪かったの⁉」と驚きが大きければ大きいほど、「真相が暴かれた！」「企業がひた隠しにしていた闇が流出した！」とワクワクします。それが第三者目線のツイートであれば、「内部告発」「情報通がこっそりリーク」といったふうに見えて、「自分だけが知っている情報だ！もっと多くの人に知ってもらわなくては！」と、エセの正義感で拡散されていくわけです。

しかし、「あれは嘘だよ」と言われることには、おもしろさはありません。

今まで見ていた世界が覆る「衝撃の事実」はおもしろいですが、今まで見ていたとおりの「知っている事実」はべつにおもしろくないですよね。だから、ガセネタの訂正ツイートは拡散されません。

「ふーん、あれ、嘘だったんだ」で終わるだけで、わざわざ拡散する人は、ガセネタに比べると一気に少なくなります。中には、自分がガセネタの拡散に手を貸してしまったこと（嘘のツイートをリツイートしてしまったこと）が恥ずかしくて、こっそりリツイートした事実を消して素知らぬ顔をしているヤツもいます。ガセネタが衝撃的であればあるほど「あっち（ガセネタ）のほうを俺は信じる！」というバカも出てくるほど。

インターネットが普及する前に、「友だちの友だちが言ってたんだけど……」と噂話が広まっていった都市伝説とメカニズムは一緒です。

21世紀を迎えても、私たちは「友だちの友だち」に苦しめられ続けています。

つまりは、**情報が衝撃的であればあるほど拡散される**というわけです。

それが、事実であろうがなかろうが。

セブちゃんの
インターネットことわざ

Instagramのシコ光り

Instagram(インスタグラム)には、露出度の高い服を着こなしてクラブ通いする女の自撮り写真や、リア充女が可愛い女友達とふざけてチューしちゃっている動画など、こっそりオカズにできるようなものが満載です。どれもオシャレに加工されているので、それをオカズにシコシコすると、なんだか自分のオナニーもスタイリッシュになった気分になります。同じオナニーでも、Instagramをオカズにシコるとキラリと光るものになったような気がする、という故事。

女がメシをたかりに来るくらいLINEスタンプで儲ける方法

このキャラクターは、僕が描いた「ヒモックマ」というキャラです。ヒモ男が寄生している女性に送る専用のLINEスタンプとして、発売しました。今もLINEクリエイターズスタンプマーケットで売られています。

絵のクオリティも、「ヒモ男専用」というコンセプトも、カスですよね。でも、このスタンプが総合ランキングで2位になるほど爆売れしたんです。

何十万個もあるLINEスタンプの中で堂々の2位！

あの人気キャラや、ファンの多い有名人のスタンプを押さえて2位！

本章では、なぜこんなカススタンプが爆売れしたのかを解説しながら、「LINEスタンプで儲ける方法」について考えていきたいと思います。

なぜ「ヒモ専用LINEスタンプ」は売れたのか？

「ヒモ男が寄生している女性に送る専用のLINEスタンプ」というコンセプトを思いついたときは、売れるとは全然思っていなくて、むしろ売る気もありませんでした。ただ、どうせ作ったなら、最大限におもし

ろく見せたいので「1回も文字を打たずにすべてスタンプで返しているスタンプ使用例」を作りました。(P209左画像)

トゥギャッチというWebメディアに掲載したところ、とても好評でスタンプ使用例を載せた記事は約1500RT、4800いいね、されました。LINEスタンプの売り上げも、(その記事を公開した直後は)総合ランキングで110位くらいまで行きました。110位でも糞スタンプにしては、なかなか奮闘したほうだと思います。「ああ、よかったウケたウケた」とひと安心して、いつものようにシコってその日は寝ました。

これ死ぬほど笑ったwwwww
このスタンプの凡庸性高すぎでしょwwwwwwwwwwwwwwww
あ、うん、そうだよ
今月もいっぱい働いた〜
ちょっとだけ貸して
え、ついこの前も貸したじゃ
45,363 リツイート 48,097 いいね

画像は一部加工してあります。

寝るとすべての記憶がリセットされる性格なので、そんなことも忘れた数ヵ月後、ふっと「そういえば、あのスタンプはその後どうなったかな?」と思い出し、LINEスタンプの管理画面にログインし、売り上げをチェックしてみました。

すると、売り上げのグラフが数日前から急上昇していました。ほぼ直角にギュイイイインって線が上に向いています。

「んんっ? なんだこれバグか!?」と思って、よくよく調べてみると、そのときなんと「ヒモックマ」はLINEスタンプ総合ランキングで2位にランクインしていました。
「なにこれ!? どういうこと?? なんであの糞スタンプが!??」とパニックになりながらも、「急に爆売れしている要因」を調べてみると、どうやら僕の知らないところでこういうことが起こっていたみたいなんです。

1：「記事のおもしろい部分を拝借してリツイート数を稼ぐ窃盗団」が僕の書いた記事からスタンプ使用例だけを盗んでツイート。たくさんリツイートを稼ぐ。

2：パクツイ常習犯が、拡散されているそのツイートを見つけて、さらにパクツイ。そこでもたくさん拡散される。

3：Twitter のあちこちで拡散されているスタンプ使用例を見て、誰かがその画像を「これ、おもしろいよ」と2ちゃんねるに貼りつけて、そこでも話題になる。

4：それを2ちゃんねるのまとめサイトが「この男女のLINEのやり取りワロタ」と記事にする。

5：まとめサイトの記事が拡散されると、（1）と同様に、「記事のおもしろい部分を拝借してリツイート数を稼ぐ窃盗団」がやってきて、まとめサイトの記事からスタンプ使用例だけを盗んでツイートして……（以降、無断転載の無限ループ）

ネット記事がたくさん拡散されると、「記事のおもしろい部分を拝借してリツイート数を稼ぐ窃盗団」が集まってきます。僕が作ったＬＩＮＥ使用例も、きっちり窃盗団に無断転載されました。記事へのリンクや「ヒモックマ」といった表記は一切なく。

しかし、無断転載されまくるなかで、「このスタンプおもしろい」「実際あるのかな？」「調べてみたら本当にあった！　ヒモックマって言うらしいよ！」と徐々に、ヒモックマに自力で気づいてくれる人が出てきました。

結果、大勢の人が「このスタンプは実在するのか？」と検索して、ヒモックマは爆売れしたというわけなんです。

つまり、ヒモックマがハチャメチャに売れた要因は「**無断転載**」。まさに、現在版「風が吹けば桶屋が儲かる」ですね。風が吹けば桶屋が儲かる。無断転載されればセブ山が儲かる。

立場上、無断転載には厳しい姿勢をとらないといけませんが、この本の中だけでは本音を言います。

無断転載してくれて、ありがとう〜〜〜！

おかげさまでめちゃくちゃ売れました！！！！！！

無断転載、ばんざ〜〜〜〜い！！！！！　最高！　最高！　最高おおおおおお！

やはり第三者目線のツイートは強い。だけど……

無断転載のおかげで、総合ランキングで最高順位2位に入るほど売れまくったわけですが、ここまで拡散されたのは、前章に登場した「第三者目線のツイートはリツイートされやすい」が関係しているのではないかと分析しています。

この「LINEスタンプの使用例」は僕自身が作ったものですが、無断転載されまくる過程で、「作者自身が作った」という説明は削られ、**第三者がたまたま見つけた「実際にあったヒモ男と養い女のやり取りの画面キャプチャ」**として広まっていました。

前章に続き、やはりここでも「第三者目線のツイートはウケ方が段違い」ということが実証される結果になりました。

かつて、伊集院光さんがラジオで「おっさんの顔の犬がいた」とジョークで言ったものが、人から人へ伝わる過程で、それがフィクションからノンフィクションに変貌して、「人面犬」という都市伝説が生まれたという話があります。

今回、僕が作った「フィクション」のＬＩＮＥスタンプ使用例も、無断転載という形で人から人へ伝達されながら、実際にあったヒモ男と養い女のやり取りという「ノンフィクション」に姿を変えてしまったわけです。

ということは、あなたがネットで話題になりたければ、たとえそれが自作自演の嘘だったとしても「第三者目線」でツイートすれば、信憑性が増して、たくさん拡散されます！

……と言い切りたいところですが、そんなに甘くはありません。

今回、「ヒモックマのスタンプ使用例」はたくさん拡散されたわけですが、それは「作者自身が作ったもの」としてではなく、「本当にあった男女のＬＩＮＥのやり取り」として拡散されたわけです。

その結果、ネット掲示板では、こんなことが書き込まれました。

●スタンプ制作者の自作自演ステマ
●ほんとこうゆうスタンプステマきもいよな
●ステマしてまで売りたい下心が見えて全然笑えなかった。

ステマとはステルスマーケティングの略で、「宣伝という目的が一切隠され、あたかも個人的にそれがオススメかのように装われたマーケティング手法」のこと。

たびたび、ネット上ではステマが問題視され、ステマをおこなっていたサイトが炎上したりしています。いくら第三者目線のツイートがウケるからといって、自分に利益のある事柄を自作自演で嘘ツイートしたら、それはもう「ステルスマーケティング」になってしまいます。詐欺行為であるうえに、バレたときに恥ずかしいし、信頼も何もかも失うことになります。

つまり、「**第三者目線のツイートはウケるけど、自分に利益があることを隠ぺいした虚偽の第三者目線ツイートはステマになるからやめようね**」ということは忘れないでください。「この記事、おもしろい」「これ、すごく美味しい」と、どこかの誰かが本心で書き込んでくれた第三者目線のツイートには勝てません。結局、本当の第三者目線の口コミツイートが出るように、真心込めて誠意をもって仕事をすることが、ネットで話題になる一番の近道なんです。

ただ、まあ、今回の僕の場合は、完全な言いがかりですけどね。無断転載の過程で「作者が作った使用例」だという説明が省かれてしまったので仕方がないのはわかりますが、ちょっと調べたらわかるのに！「いや、そもそも俺、ブロガーじゃねえから！」「インターネットで文章を書いている＝ステマブロガーってアホの発想かよ」「ステマかステマじゃないかの区別もつかないからお前らはダメなんだよ、一生そこで文句言っとけ」とツッコみたいのですが、そいつらにそんなことを言っても通じるわけがないので泣き寝入りしました。

LINEスタンプが爆売れしたらどうなるか？

さて、ここからはLINEスタンプが売れて、いろいろわかったことがあったので、「私もLINEスタンプで儲けたい！」という方のためにまとめておきます。

1.「ヒモのスタンプ」というコンセプトがパクられまくった

ヒモックマが売れだしてからは、ヒモを題材にしたスタンプが急増しました。

そもそも、それまではネガティブなテーマのものはほとんどなかったのですが、ヒモックマのヒット以降は、「ニート専用」や「パチンカス[*1]専用」といった、いわゆるダメ人間をテーマにしたものもたくさん登場しました。

そういった「ヒモ」から派生して作られたものはいいのですが、ストレートにヒモックマと同じ「ヒモ男専用」というコンセプトで売っているものは、さすがにう～んと思います。そのなかでも、特に悪質だったのは「ヒモクマ」という明らかにパクリにきているスタンプなんですが、こいつはそのスタンプのアイコンに「2015」という数字を描いて売っていたんです。

これがどういうことなのかと言いますと、僕がヒモックマを出したのが2016年なので、自分のパクリスタンプに「2015」と描くことによって、「自分のほうが先に出してましたよ。こっちが本家ですよ」って見せたいわけなんです。

パクリだけでもムカついてるのに、これはさすがに悪質だなぁと嫌な気分になりました。

そんなわけで、あなたに恥もプライドもなければ、「**売れてるスタンプをおもいっきりパクる**」というのは、LINEスタンプで儲けるひとつの手かもしれません。

*1 ネット上で使われる造語で、「パチンコ中毒のカス」という意味

2.女がメシをたかりにきた

ＬＩＮＥスタンプって「売れたら大金が入ってくる」っていうイメージがあると思うんですが、正直なところ、全然そんなことないんですよ。そりゃ上位1％の超売れっ子さんたちであれば、たぶん「億」くらい儲けていると思いますが。そういう一部の人たちがインタビューとかで「ヨーロッパ旅行に行けるくらい儲かりました」「欲しかった車が買えるくらいお金が入ってきました」って言うから、ＬＩＮＥスタンプ＝儲かるっていうイメージがついちゃったんですよね。

僕自身もそういうイメージだったので、ランキング2位になったとき、ワクワクしながら売り上げリストを見てみたら「あれ、こんなもん？」って驚いたくらいでした。もちろん、まとまった大金ではあるんですけど、一般的な「ＬＩＮＥスタンプで一攫千金」のイメージからはほど遠いと思います。

でも実態を知らない人はそう思わないんです。儲かってウハウハだと思ってるんです。過去に1～2回、食事に行って、それっきり進展がなかった女の子から、ヒモックマが売れたあと「久々にご飯でも行こうよ～」というお誘いがいっぱいきました。

要するに「こいつ、ないな（セブ山と今後、恋愛には発展しないな）」と思って、いちど僕のことを見切った女どもから、「スタンプが売れてるみたいだから羽振り良さそう」「なんか買ってもらおうっと☆」とＬＩＮＥがきたわけです。

ふざけんな！

あのとき、ヤラせなかったくせにおいしいところだけ持っていこうとすんな！

この守銭奴どもめ！

どうせ行ってもセックスはさせてくれないと思うので、ヒモックマのムカつくスタンプ[＊2]を送ってあとは無視しました。

3. キャラ本やグッズを出せた

ここまで悪い面ばかり書いてきましたが、もちろん良かった点もあります。

LINEスタンプで話題になったことで、ありがたいことにヒモックマのキャラ本やグッズを出させていただけました。ただ、みなさんに誤解してもらいたくないので、これだけは言っておきたいのですが、

＊2

グッズって全然儲からねえ〜〜〜〜!!!!

グッズ展開に初めて関わらせてもらったんですが、びっくりしました。全然儲からなさすぎて!

それもそのはず、グッズの印税ってだいたい3%なんですよね。1000円のキーホルダーが売れたとしたら、作者に入ってくるお金はわずか30円です。うそ〜ん!

すみません、良かった点を書くと言ったのに、さっそくネガティブな話になっていますね。でも、それには理由があって、そもそもグッズは「もの」を実際に作るわけなので、材料費やパッケージングなど、いろいろコストがかかるんです。さらにそこに輸送費や、人件費などもかかるわけですから、印税3%も仕方がないんですよね。

ただ、グッズ展開の唯一にして最大の良いところは、「自分が一切動かなくていい」ということでしょう。グッズ化されるキャラクターさえ作ってしまえば、あとはグッズメーカーの方々が勝手に作ってくれます!

つまり、人気キャラになって、グッズがたくさん作られれば作られるほど、自分は何もしなくてもお金が入ってくるというわけです。先ほど「グッズは儲からない」とディスりましたが、儲からないのは、ヒモックマの人気がそこまで到達していないのが理由なので、すみませんでした。

売れたら儲かります。それは夢がある。

どうしたらLINEスタンプで儲けられるのか？

ここまで散々、「LINEスタンプは儲からない」と書いてきましたが、じゃあどうすれば儲けられたのでしょうか？

●たくさんスタンプを作っておく

僕はヒモックマ以外にも、いくつか落書きみたいなクオリティのスタンプを出しています。今まで全然売れていなかったのですが、ヒモックマがヒットしたら、そんな糞スタンプたちも引っ張られてそこそこ売れました。ヒモックマのスタンプを買ってくれた人たちが、この作者はほかにはどんなスタンプを作っているんだろうと検索してくれて、ちょいちょい買ってくれたからです。

要するに、まぐれでもいいので、ひとつのスタンプが売れれば、それに引っ張られてほかのスタンプも少なからず売れます。その数が5個なのか50個なのか500個なのかで儲かる額も変わってくるので、とにかく数の力で無理矢理儲けるには、たくさんのスタンプを作っておくべきです。

●企業とのコラボ

どれだけたくさん売れても、ＬＩＮＥスタンプは言うほど儲からないと知ってしまった今となっては、「ＬＩＮＥスタンプで儲ける方法」は、もうこれしかないと思っています。

それが「企業とのコラボ」です。

人気のスタンプは、その人気にあやかって、企業とのコラボスタンプが作られたりします。その企業のマスコットキャラをスタンプ制作者のタッチで描いたスタンプだったり、人気のスタンプキャラと企業のマスコットが仲良く遊んでいるスタンプだったり。そのスタンプは、企業の公式ＬＩＮＥアカウントとつながることによって無料で手に入ります。企業にとっては自社の新作メニューのお知らせやセール情報を受け取ってくれるユーザーが手に入りますし、ユーザーにとっては人気のスタンプがタダで手に入ります。お互いが得することなので、こういったコラボキャンペーンはよく開催されています。

しかし、スタンプは無料で配られているので、スタンプの「売り上げ」は発生しません。その代わり、企業からスタンプ制作者に、ギャラが支払われるわけです。

つまり、企業とコラボできれば、スタンプが売れようが売れまいが、お金が入ってくるのです。なので、企業とコラボを狙ってスタンプを作るのも手かもしれません。

僕の「ヒモックマ」の場合は、１００％確実に企業とのコラボはないので、これからスタンプを作る人はそのあたりもお気をつけて！　ヒモックマはもう手遅れだから……。

ほかにも売れるスタンプの特徴として、「クマやウサギなどの動物」「メインカラーが白」といったことが語られることもありますので、ぜひ参考にしてみてください。

まとめ

「ＬＩＮＥスタンプでは儲からないぞ」とは書いてきましたが、ヒモックマのようなヘタクソな絵でも、それなりに売れて、まあまあのお金は入ってきました。

僕はWindows標準の〝ペイント〟でスタンプを描いています。技術はありません。それでも売れました。これはアイデア次第では、スタンプで儲けることも夢ではないということを証明しています。

ＬＩＮＥスタンプで夢をつかむことを「スタンパーズドリーム」と言うそうです。僕はこの名前がめちゃくちゃダサいと思いますが、でも、ＬＩＮＥクリエイターズスタンプには、たしかに「売れたらデカい」という夢はあると思います。みなさんもスタンパーズドリームを目指してみてはいかがでしょうか？

ツイッターVSフェイスブック 本当にヤレるSNSはどっちだ？

あなたがSNSを使う理由はなんですか？
情報をいち早く手に入れるためかもしれないし、自分の作品をもっと多くの人に知ってもらうためかもしれません。理由は人それぞれでしょう。
でも、もう嘘をつくのはやめましょうよ。

ヤリたいからでしょ？　若ぇ女と一発、ヤリたいからでしょ？

正直になりましょうよ。どんなに御託を並べても、煎じ詰めれば、SNSなんか若くてかわいい女の子と出会うために使う以外、使い道なんてないんだから。

そんなわけで、この章では、「Twitter と Facebook という二大SNSを、「結局どっちのほうがヤレるの？」という観点で比較します。もちろん「ヤレる」というのは、彼女ができるとか結婚相手が見つかるとかそんなカスみたいな話ではありません。「後腐れのないタダマン[*1]」にありつけるかどうかです。

Twitterはヤレるのか？

ヤレました。

すみません、先に結論から言わせてください。Twitter でヤレました。

Twitter が今ほどメジャーではなく、まだまだアングラな雰囲気が少し残っていたころ、僕は「Twitter は本当にヤレるのか？」という禁断の実験を思いつきます。当時は「Twitter でヤレるわけない」と思っていたので、結末が「ヤレませんでした」なら記事にまとめて公開することができると思っていました。

*1 無料（ただ）でオマンコすること

ただ、この時点で僕のTwitterには数千人のフォロワーがいたので、このアカウントでやっても実験の意味はありません。ファンを抱きたいわけではなくて、普通の一個人がTwitterでヤレるのかどうかを知りたかったからです。そこで、まったく別人のアカウントを作ることにしました。自分ではない架空の人物になって、毎日どうでもいいことをつぶやきます。

せっかく別人を演じるので、有名大学を卒業して、有名な広告代理店に入社して、いつか起業を目論んでいる人物設定にしました。だって、そのほうがヤレそうだから。「今日もファミレスで税務の勉強なう」「起業した先輩に貴重なお話を聞いているなう」とか、どうでもいい意識高い系ツイートを毎日毎日やりまくりました。実に3ヵ月もの間、僕は来る日も来る日も偽アカウントで意識高い系ツイートを投稿し続けます。

なぜなら、そのアカウントのつぶやきが始まって数日程度だと、「アカウントの信憑性」がないからです。「アカウントの信憑性」というのは、そのアカウントを本当に一般人がやっているのかどうかということです。ネット上には、しばしば「業者」と呼ばれる、出会い系サイトへの誘導や、法外な値段の何かを売りつけるといった目的を持つアカウントが存在するからです。でも、さすがに、3ヵ月間も、日常生活を切り取ったかのようなツイートを重ねると、たしかにそこに「僕が作り出した架空の僕」が存在するようになります。そこには誰もいないのに、「僕が作り出した架空の僕」の息づかいが聞こえてくるんです。

そうなってからが本番です。

とにかくエッチそうなアカウントに片っ端からリプライを送ります。

エッチなアカウントとは、顔は出てないけど自分の胸の谷間や、パンティーが見えそうなくらい短いスカートを穿いた足を自撮りして投稿しているアカウントのことです。エッチそうなアカウントが「はぁ…つらい……」とつぶやけば、「**どうしたの？　何か悩み事あったら聞くよ**😆」とリプライを送り、「眠れないー」とつぶやけば、「**隣で子守歌うたってあげよっか**😚」とリプライを送ります。

あなたは「キモっ、私がそんなリプライ来たら、絶対にブロックするわ」と思われるかもしれませんが、Twitterでエロいことをつぶやいているアカウントなんて「チヤホヤされたい」「お姫さま扱いされたい」という欲求でやっているので、これくらいキモいリプライでちょうどいいんです。とにかく、いい感じに相手のチヤホヤされたい欲を刺激し続けます。

エッチなアカウントに積極的に絡みに行っているうちに、いつの間にかさらに1ヵ月が経っていました。

「実験開始から4ヵ月も経ってしまったぞ……やっぱりTwitterでヤるのなんて不可能なのかなぁ……」と諦めかけたとき、ひとりのエロアカウントからDM[*2]が届きます。

「おっ!?」と思い、さっそく開いてみると、そこにはこんなメッセージが！

「EXILE好きなんですか？」

全然、好きではありません。

*2 ダイレクトメッセージのこと。全体には公開されずに1対1でやり取りできるメッセージ機能

なぜこんなDMが来たのかというと、その直前に、エッチなアカウントちゃんがリツイートしていた「EXILEの歌詞bot[*3]」を、僕がさらにリツイートしていたからです。

要するに、「私がリツイートしたEXILEの歌詞をさらにリツイートしてましたが、あなたもEXILEがお好きなんですか？」という意味です。

彼女がEXILE好きの友だちが欲しかったのか、それともただ「身体が欲しがってる日」だったのかはわかりませんが、とにかくエッチなアカウントからDMが届いたというのは事実。

リプライを飛ばす以外にも、細かいアピールを続けていて良かった〜！

その後は「大好きです(*^_^*)○○ちゃんがよくEXILEのことつぶやいてたから聴き始めたらハマっちゃった(*´ε`)」と嘘八百を並べて、実際に会う約束までこぎつけます。

もうここまで来たら話は早いです。「会ったらセックスしましょうね」なんてストレートなことは送りませんが、夜の11時からメシを食いに行く約束をしている時点でもうセックスは確約されていますよね。（クソ童貞のために解説しておくと、夜11時から飲みだして、そこから2時間飲むと考えても、お店の外に出るころにはもう夜中の1時ですよね。確実に終電はないです。ということはどこかに泊まるしかなく……というわけだぞ。わかったか！）

「今日このあとセックスが約束されている」という事実は、人を優しくさせます。待ち合わせ場所の錦糸町に着くまでに、2回もお年寄りに席を譲りました。ラブ＆ピース！　錦糸町の駅でも、階段の上から下まで

*3　EXILEの歌詞を定期的にひたすらツイートするように設定されたTwitterアカウント

ベビーカーを運んであげました。「ありがとうございます」って言われたけど、いいんですいいんです！　だって俺はこのあとセックスが確約されている男だから！　「むしろ、こちらこそありがとうございます！」と言ったら若いママさんはキョトンとしていました。えへへ、ごめんね！

そんなわけで、夜11時に錦糸町の駅に降り立って、事前に聞いていた目印である「サマンサタバサのカバン」を持った「ピンクのカーディガン」の女性を探します。

あ、いた！

ん？

あれ？

あの子かな…？

たしかにサマンサタバサのカバンを持って、ピンクのカーディガンを着てるけど……

人違いだよね……？

……。

…………。

………………。

結果から言いますと、

メンヘラのバケモンみてぇな豚女が来ました。

いや、もしかしたら、そうかなとは思ってたんですよ。ツイートで胸が大きいアピールをよくしてるし、自己紹介欄に「チャームポイントは肉厚な唇。セクシーってよく褒められます」って書いている時点で、もしかして…こいつ……とは思ってたんですよ。でも、セックスが確約された喜びで、全部良い方向に考えてました。いや、たしかに嘘は書いていないけど、まさか唇だけじゃなくて全身が肉厚だとは……。

まあ、ヤリましたけどね。

ここまで来てやらないのなんて、それは失礼。ここまで来て帰るのは、さすがに誠意がない行為だと僕は思います。タダマンしても、女性は決して傷つけない。それが僕のポリシーです。どんなにメンヘラでも、どんなに豚女でも、女の子はお姫さまなんです！

そんなわけでTwitterは「**ヤレるけど効率が悪いし、質も良くない**」という結果になりました。

よくよく考えたら、本当にかわいい子って、現実ですでにチヤホヤされてモテてるから、わざわざインターネットで相手を探さなくていいんですよ。つまり、「Twitterでヤレる女にかわいい女の子はいない」と結論につけ加えさせていただきます。

……でも興味深かったのは、セックスが終わってからその子が、しきりに「飲み仲間が欲しい、飲み仲間が欲しい」と言ってきたことです。「べつに私、ヤリマンじゃないよ。ただ飲み仲間が欲しいから来ただけ」という言い訳で言っているのかなと思ったんですが、次はいつ時間があるんだとか、どのお店に行ってみたいだとか、どうやら本気で「飲み仲間」を欲しがっている様子でした。

そこで気づいたんですが、彼女はべつにセックスがしたいわけじゃないんです。ただ寂しいだけだったたんです。インターネットが普及して、ＳＮＳが身近なものになり、常にいろんな人とつながっていられるようになったわけですが、でも、逆にそれによって、何倍にも「寂しさ」を感じているみたいです。「自分が何もしていないときに、友だちが楽しそうな写真を投稿していたら、なんか自分だけ人生を楽しめていないような気がする……」と感じる人は、一定数いるでしょう。そういう意味では、彼女は「ＳＮＳの被害者」なのかもしれないなと思って、寂しさを紛らわせてあげられるように激しめに抱かせていただきました。

心の穴を埋めてあげる代わりに、お股の穴も埋めさせていただく。人間にとっては生きづらい世の中になったかもしれませんが、タダマン好きにとってはヤリやすい時代になりましたね。

Facebookはヤレるのか？

人によっては、FacebookのほうがヤレるＳＮＳかもしれません。

かく言う私も、Facebook経由でつながった方とヤラせていただきました。ありがとうございます。

TwitterとFacebookの一番の違いは「実名制」だと思います。Twitterは匿名でも使えますが、Facebookはルール上、本名で登録しないと使えません。本名でないと使えないということは、Twitterにあった「エロいアカウント」はほぼ存在しないということです。なぜなら、エロいことを投稿していたら、友だちや同僚に白い目で見られてしまうからです。そういう意味では、Facebookは「社会」と直結したＳＮＳだと言えます。

余談ですが、Facebookでは下ネタ記事やエロネタはほとんどシェアされません。逆に、頭が良さそうに見える経済ニュースや感動系の記事が多くシェアされます。みんな、「どの記事をシェアするか」「どんな意識の高い投稿をするか」でマウントを取り合っているわけです。社会と直結しているFacebookでは、日々、「建前」が投稿されています。

話を元に戻しますが、Facebookにエロアカウントはほぼありません。しかし、実名制には実名制のエロさがあります。

実名制ということは、中学のときにキスまでいったけどそれ以上の発展はないままそれっきりになってしまった2コ上の先輩や、当時は相手が部活のキャプテンとつきあっていたから気持ちを伝えられなかった高校の同級生を探せるということです。社会人1年目で最初に勤めた会社の同僚や、バイト先で知り合って一瞬だけつきあったちょっとヤンチャな後輩とも！

それがどういうことなのかと言いますと、要するに、**過去に取りこぼしてしまったセックスを掘り起こせる**のです。お互いに子どもであのころはうまくいかなかった関係性でも、何年も経った今ならうまくやれるかもしれません！　社会的地位も築け、それなりにお金ももらえるようになった今のあなたなら、「あのとき、止まったままの時計」を動かせるのではないでしょうか！

Facebookは、そんな過去に取りこぼしてしまったセックスを掘り起こしてくれるマシーンなのです！

事実、最近の不倫は、Facebookから始まることが多いそうです。「Facebookきっかけで不倫した」という人に話を聞いたのではなくて、「最近、不倫した」という人に話を聞いたら、ほとんどがFacebookで再会して……と言っていました。そういうおじさん・おばさんたちが、芸能人の不倫報道に「けしからん！」とかコメントつけてシェアしていたりするので、お前、やりたい放題かよって思いますよね。いいねボタンじゃなくて、「お前、やりたい放題かよボタン」があったら間違いなく押してました。

そんなことはともかく、（相手もあることなのでどの時期の誰かは言いませんが）実際に、僕自身もFacebookの恩恵には与れました。

これに関しては、僕からアクションを起こしたのではありません。「久しぶり〜^^木村くん（セブ山の本名）の名前をたまたま見つけて懐かしくてメッセージ送っちゃいました〜！　元気？」という連絡がいきなりきまして、トントン拍子でメシに行くことになり、過去のセックスを掘り起こさせていただきました。

これがほかのSNSだったら警戒したかもしれませんが、Facebookが実名制だったおかげで、相手が「業者ではない」と一発でわかるので、話が早い。

マーク・ザッカーバーグさん[*4]、ありがとうございます！

*4 Facebookの創設者

そんなわけで、**「Facebookは過去の取りこぼしを掘り起こしてヤレる」**という結論になります。

でも、「今まで女性との接点があまりなく、掘り起こす相手がいないという方」も、決して悲観的になることはありません。**Facebookは不倫の温床です。**当時、好きだったあの子はもう結婚してしまっているかもしれませんが、どうせ夫婦なんてセックスレスになるので、ワンチャンスあるかもしれません！

ぜひ、過去に好きだったあの子の名前、過去にセックスを取りこぼしてしまったあの子の名前を検索してみてはいかがでしょうか？

まとめ

というわけで、Twitter と Facebook を「ヤレるかどうか」という一点だけで比較してまいりましたが、どちらもそれぞれの良さがあって、それぞれが**「ヤレる」**という結論になりました。

さらに言うと、Twitter も Facebook も、セックス目的以外で何か使い道がありますか？

どちらも、みんな、本音でなんか使っていません。Twitter や Facebook にかぎらず、ほかのインターネットサービス全部です。そう考えると、インターネットに正しさや、真実を求めるのなんてバカらしくないですか？　今回の比較検証のように「なんでもいいからとにかくハメたい」という動機で使うほうがよっぽど健全ですよね。

どんどん使いましょう！　Twitter も Facebook も！

あなたがインターネットに微笑みかければ、インターネットもきっとあなたに微笑み返してくれるはずです。

それでは良いインターネットライフをお過ごしください！

僕は泌尿器科に行ってきます！（性病の薬をもらいに）

セブちゃんの
インターネットことわざ

メンヘラ女は
コスパが悪い

インターネットにはメンヘラ女がたくさんいます。しかもメンヘラ女ってかわいい子が多いからついつい「大丈夫?」「相談に乗ろうか?」とDMを送ってしまいがちですが、一度メンヘラ女に優しくすると、底なし沼のようにどこまでも甘えてくる。そして、最後にはこちらまでメンタルを病んでしまう……。メンヘラ女はすぐにヤレるので最初のハードルが低いが、そのあとたくさんの時間や労力を搾取されるので、非常にコスパが悪いということわざ。

言葉の壁を越えて「世界」でウケる方法

私たちは、日本語で書かれた記事を読み、日本語でSNSに投稿し、日本語で友だちにメッセージを送ります。だから、ついつい今見ているインターネットは日本だけにしかないような錯覚に陥ってしまいがちです。しかし、インターネットは確実に世界につながっています。2014年に書いたある記事が世界中でウケて、あらためてそのことを実感しました。

ここではそんな経験を踏まえて、言葉の壁を越えて「世界」でウケる方法について考えます。

そもそも、どんな記事が世界中でウケたのかと言えば、「セーターを逆さまに着る」という、ただそれだけの記事です（左画像）。本当にマジでただそれだけの記事が海外でウケたのです。小学生だったらお母さんに「伸びるからやめなさい！」と怒られる記事ですが、大人で良かった。

たった一枚のセーターで
極寒の冬を乗り切る方法

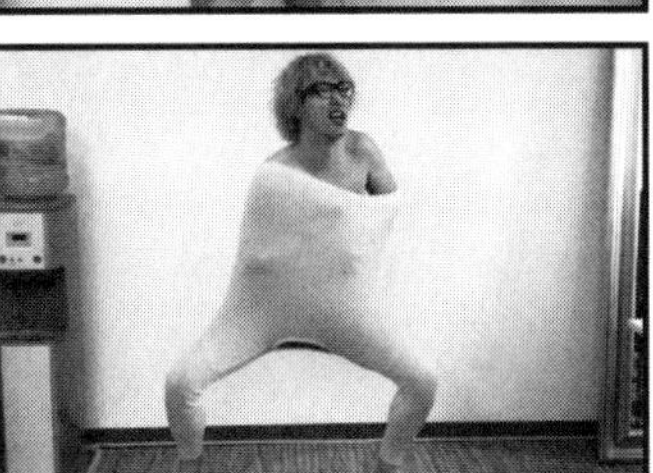

なぜ海外でウケたのか？

さて、そんなセーターを逆さまに着る記事ですが、特にアメリカやヨーロッパでバカウケしました。

なぜ言葉の通じない人たちにウケたのか、自分なりに分析してみました。

それはおそらく、以下の3つの要件を満たしていたからだと思います。

まず1つ目は、「**インパクトがあったから**」。

「インパクトがあった」というのは、言い方を変えれば「**それを説明するのに言葉がいらなかった**」ということでもあります。大の大人がまるで漫画のキャラクターのような姿になり、街中をおケツ丸出しで走り回っている姿は、言葉なんて野暮なものは必要なく、国籍を超えて笑えたんだと思います。

世界でウケるための一番のネックは「言葉の壁」ですが、インパクトさえあれば、その壁はいとも簡単に壊せるんだということを「チキンマン」が証明してくれました。

「チキンマン」というのは、このキャラクターの名前です。(当初、僕は名前などつけていなかったのですが、ネット上で拡散される過程で「まるでターキーのようだ」という理由で「チキンマン」と命名されました)

そして、2つ目は「**すぐにマネできるから**」。

世界各国のニュースサイトで「チキンマン」を取り上げていただき、良心的なサイトは僕の名前「sebuyama」も掲載してくれていました。すると、いろんな人種の人たちがセーターを逆さまに着て、その写真を僕に送ってきてくれたんです！　ハッシュタグ「#sebuyama」をつけて投稿してくれていたので、僕も見ることができました。(左画像)

このように簡単に誰でもマネできたからこそ、シェアされやすかったのではないかと思います。おそらく、世界中どこでも、インターネットがつながる国なら「セーター」はあるはずなので。たとえ南国でも、長袖

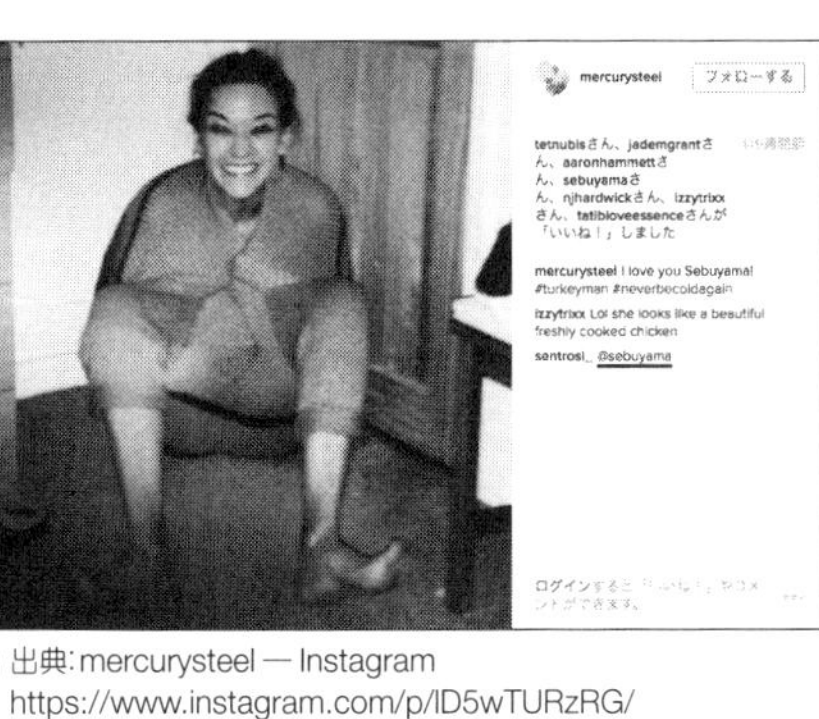

出典：mercurysteel — Instagram
https://www.instagram.com/p/lD5wTURzRG/

のTシャツくらいはあるでしょう。

そして最後、3つ目が**「日本国内でもしっかりウケたから」**だと思います。

「海外でウケた」と言っていますが、もちろん日本国内でもセーターを逆さまに着る記事はヒットしました。たくさんの方に読んでいただいたからこそ、どこかの誰かが僕の書いた記事を英語に翻訳して海外向けに紹介してくれて、そこからさらに現地で広まっていったわけです。

なので、インターネットを使って海外デビューしたいと考えるなら、まずは身近な場所でウケることが大事だということはお忘れなきように。

世界中でバズったら何が起こったか？

世界中のインターネット文化のなかでたくさん拡散してもらった結果、想像していなかったことが次々に起こります。

まずは、フランスの若者向けカルチャー雑誌「ＮＥＯＮ」から連絡があり、裏表紙をめくってすぐのなかなか良いページで取り上げてくれました。

そして、なんとイギリスの広告代理店から「ＣＭ動画に出てくれ！」というオファーまで来ました！

パソコンの受信ボックスに英語のメールがきまして、最初は迷惑メールかな？　と思って削除しようとしたのですが、一瞬、Dear Sebuyama という文字列が目に飛び込んできました。「あれ？　これ、迷惑メールじゃないぞ!?　この送り主は僕のことをちゃんとセブ山だと認識して送ってきているぞ！」と思い、急いでGoogle 翻訳で日本語に直したところ、そのメールは英国の広告代理店からのものでした。

〝キミのあのキャラクター、すごくおもしろかったよ！　こっちに来てＣＭに出演してみないかい？〟

という問い合わせメールだったんです。

「こんなことがあるんだ！」と驚きました。

詳しく話を聞くと、「イギリスの『ナンド』というチキン料理チェーン店が今度、宅配サービスを始めるから、そのことを伝えるＣＭに出てほしい。チキンマンがトコトコ歩いている姿が、まさに『ナンドのチキンがあなたの自宅まで届きます』というメッセージにぴったりだ」とのことでした。「クレイジーだなぁ」と思いましたが、こんな経験は二度とないとも思ったので、すぐに出演ＯＫの返事をしました。

「早朝」を「Speed Morning」（スピードモーニング）と書いたことがあるほど英語に弱い僕が、その後ひとりで海外に飛び出して、どんな目に遭ったのかは後述させていただきます。

これから世界で活躍する未来のスターたちへ

今回のことで僕は、言葉の壁さえ超えてしまえば、実は海外でウケるということはそんなに難しいことではないのではないかと思いました。チキンマンは「写真のインパクト」というズルをして言葉の壁を超えましたが、内容にインパクトがあれば、十分、世界で通用すると思います。Google翻訳の精度がかなり向上しているので、もうすぐ「言葉の壁」はなくなるでしょう。そうなれば、今後、日本発のコンテンツがたくさん生まれるのではないかと思っています。

さて、これからそんな時代がやってくるわけですが、未来のスターたちのために、ひと足お先に海外デビューを果たしたセブ山ことチキンマン先輩からアドバイスをさせていただきたいと思います。

ここからしばらくすごくニッチなアドバイスが続くので、読み飛ばしていただいてもＯＫです。

◉海外デビューに必要なこと1

「ダンス能力は必須」

ＣＭ撮影のために異国の地に降り立って、まず最初に「マジかよ……」と思ったのは、ダンスを覚えないといけなかったことです。

もちろん、ダンス経験はまったくありません。ダンスの経験がないどころか、ダンスの才能も一切ないので、僕に踊りを教えてくれた黒人ダンサーの女性は〝これは大変な仕事、引き受けちゃったなぁ……〟という顔をしていました。今は義務教育のカリキュラムに「ダンス」があるそうですが、これはすごく正しいと思います。長い人生、いつどこで踊らないといけない局面がくるかわかりません。絶対に人生のなかでダンス技術は必要です。結局、いざ撮影に入っても全然ダメで、急遽、カメラの向こう側でダンスの先生に踊ってもらって、それをお手本にしながら踊るという緊急措置がとられました。

そもそも、なぜダンス経験のない僕が踊らないといけなかったかというと、たぶんですが、向こうの方々は、僕のことを日本のエンターテイナーだと誤解していたからだと思います。〝コメディアンなんだからダンスぐらい踊れるだろう〟と想定していたと思うのですが、僕はご存じのとおり、ただのいちライターなので、このようなギャップが生まれたんだと思います。

なので、僕と同じようにバカなことをしていて、海外からオファーがあった場合、みなさんは、ちゃんと自分が何者なのか説明するようにしてください。そのほうが、あとでラクです。

●海外デビューに必要なこと2

「キャラクター設定」

次に海外デビューで苦労したのが、汚い道路なのに裸足で撮影しないといけなかったことです。

これは、もう完全に僕が悪いんですが、チキンマンというキャラクターは基本的にセーターしか身に着けてないんですよね。だから、CM撮影中はずっと裸足でいないといけなくて、しかも、撮影場所は人通りの少ない道を選んで撮影されたので、あんまりキレイな道じゃないんです。2回ほど、ちっちゃいガラスが足の裏に刺さって、もしかしたらロンドンで破傷風で死ぬんじゃないの?とドキドキしていました。まさか、イギリスで「靴」のありがたみがわかるとは夢にも思いませんでした。

そして、撮影に行ったときの現地の季節が「夏」だったということもキツかったです。ロンドンの夏は涼しいと聞いていましたが（たしかに木陰に入ると涼しくて過ごしやすかったのですが）、僕はセーターを着て、しかも、ダンスを踊るわけなので、マジでめちゃくちゃ暑かったです。海外で熱中症で倒れたらどうなるんだろう？　保険とかどうなるのかな？　と不安で仕方なかった。なので、熱中症予防のために水をガブガブ飲みまくりましたが、次の日、水の飲みすぎでお腹を壊しました。

そんなわけで、これから何か自分のオリジナルキャラクターを作って世界を目指そうと考えている人は「ちゃんと靴を履いている」「体温調整が可能」という2項目をクリアするキャラクター設定にしておいたほうがいいと思います。

●海外デビューに必要なこと3

「海外の雰囲気に呑まれない強い心」

日本から飛行機で12時間かけてロンドンに到着してすぐに、向こうの広告代理店のオフィスにあいさつに行きました。事前の説明では、その日はそのまま休めることになっていたんですが、「ちょっと衣装合わせにつきあってよ」と言われました。セーターは日本から持ってきていたので「衣装合わせ……？」と思いながらも、「何かほかに身に着けるものがあるのかな？」と思い、了承しました。

そのとき、フッと床に置いてあった段ボールを何気なく見たら、そこには大量のピンクのセーターがありました。「ああ、そっか。新しいセーターを支給してくれるんだ」と思って、ソファに座って待っていたら、衣装担当と名乗る女性2人がやってきて、そのセーターをハサミでジョキジョキ切りだしたんです。

「え、どういうこと？　なになになに？」とパニクっていたら、今度はビリビリになったセーターを着させられました。状況がまったくわからなかったけど、まだイギリスに着いたばかりで通訳の方もいらっしゃらなかったので、女性たちに言われるがまま、そのセーターを着続けました。そうこうしていると、2人はそのビリビリのセーターを、今度は僕の身体にフィットするように縫いだしました。そこでようやくわかったんですが、どうやら今回のCM撮影のために、特注のチキンマンスーツを作っているみたいなんです。

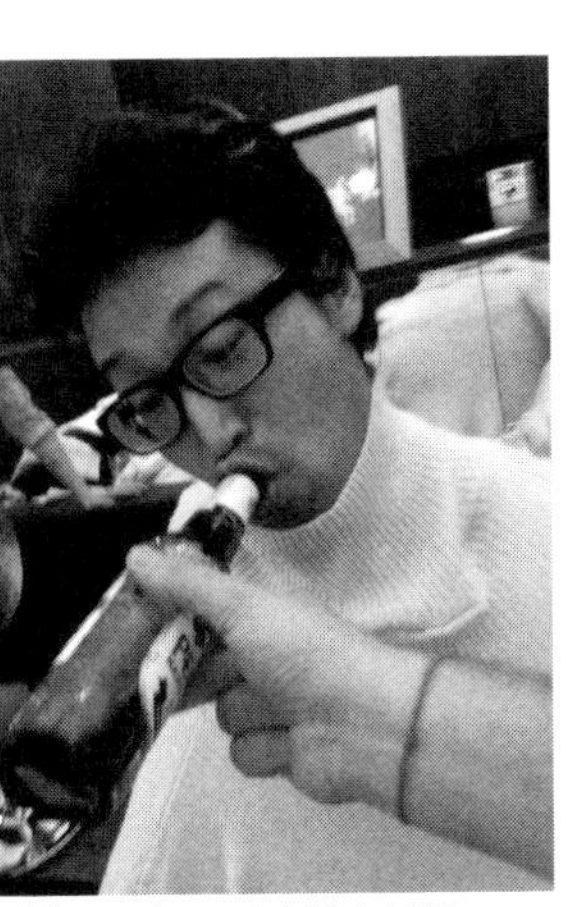
特注のセータースーツを作られながら、無理矢理ビールを飲まされるセブ山

「いやいやいや、チキンマンがおもしろいのはセーターを無理矢理さかさまに着ているからであって、身体にフィットする特注のスーツを作ったら意味なくないですか⁉」と抗議したかったのですが、通訳がいないし、広告代理店のヒゲ面の担当者は、〝長旅ご苦労さま！　まあ、ビールでも飲んでよ！　HAHAHAHA！〟みたいな感じでビールを無理矢理飲ませてきて、もう全部どうでもよくなっちゃいました。

結果的に、まったく別物のモンスターになってしまいました。

やはり海外の雰囲気に呑まれずに「これはおかしい」と抗議する強い心は必要だなと感じました。このせいなのかどうかわかりませんが、当初はテレビCMとして流れる予定でしたが、結局、YouTubeや特設サイトだけの配信になったみたいです。

まとめ

そんなわけで、いろいろ散々な目には遭いましたが、僕としてはなかなかできない経験ができておもしろかったです。

それまでは「インターネットは世界中とつながっている」とアタマではわかっていても、実感はありませんでした。しかしこのとき、日本から遠く離れたイギリスからオファーがあり、行ってみた先で「アイラブチキンマン！」と言われたときに、「ああ、やっぱりインターネットで世界とつながっているんだな」と感動しました。

この一連の出来事は、ただのまぐれの奇跡みたいな話ですが、いつあなたに起こってもおかしくないことです。だからこそ、インターネットっておもしろいと思います。あなたも世界に向けて、あなたの「おもしろ」を発信してみてはいかがでしょうか。

あとがき

少し前に、「マリファナを吸っている人の体臭はカツオ節のにおいになる」というウワサを耳にしました。

事実かどうかは知りませんが、体からカツオ節のにおいがする人が「**ラブ&ピース!**」とか言ってるのかと思うと、めっちゃおもしろい。そこで、カツオ節でとったダシを香水みたいに体に吹きかけて1日生活をするという実験をしました。

そうしたら、その日は、会う人会う人に「くっさ!」「ちゃんとお風呂入ってる?」「おえっ、あっち行け」と言われました。

これってすごい大発見だと思いませんか?

だって、お鍋に入っているカツオダシはあんなに美味しそうなにおいがするのに、同じ香りでも人間の身体から漂ってくると悪臭になるんですよ!

不思議ですよね! 生きていくのになんの役にも立たない知識だけど!

でも、どんなアホなことでも実際にやってみないと見えないことがあるんだなとそのとき、強く思いました。

本書は、そんなやってみないとわからないことをやりまくった結果です。

まさか、カツオダシを香水みたいに体に吹きかけている人間が、こんな立派な本を出させていただけるとは。でも、セーターを逆さまに着なかったら、イギリスの広告代理店からオファーがくることもなかったし、ヒモ専用LINEスタンプ「ヒモックマ」を作らなかったら、無断転載されまくって儲かるなんて知りえなかったわけです。

お金も大事だし、愛も大事だけど、やっぱり一番大切にしないといけないのは「知りたいと思う気持ち」ではないでしょうか。自分に嘘をつかずに、面倒臭がらずに、あなたが知りたいと思ったことを素直に知ろうとしましょう。

インターネットの発達により、検索すれば知りたいことはすぐに見つかるようになりました。でも、まだまだこの世はインターネットで検索しても出てこないことばかり。

偉そうなことを言っていますが、僕も今「本当に出版ビジネスは儲かるのか？」という実験の途中です。「本を出したらモテるのか？」「著書があるとテレビ局とかラジオ局の態度が変わると言うけど本当か？」という実験も兼ねています。

もし、今、人生が楽しくないなら、どんなアホなことでもいいから、自分の手で知ろうとしてみてください。インターネットはきっとそんなあなたの手助けをしてくれます。
「知りたいと思う気持ち」に忠実に従えば、人生はきっと楽しくなるはずです！
一緒に幸せをつかみましょう！
ラブ&ピース！　ラブ&ピース！
ラブ&ピ――――ス！[*1]

2016年12月　セブ山

*1 著者の体臭はカツオ節のにおいですが、マリファナは吸っていません

初出

1部1章 なぜ彼らはパクるのか？　パクツイ常習犯が語るTwitterの闇
2部5章 どんな投稿でも必ず〝いいね！〟してくるヤツは一体どういうつもりなのか？
3部1章 Twitterは「第三者目線」でツイートしたほうがウケることが判明
Yahoo!スマホガイド「スマホの川流れ」（２０１７年現在は「ネタリカ」に移行）　http://netallica.yahoo.co.jp/

＊

1部2章 ネットに悪口を書き込むヤツらに反応することはいかに不毛な行為なのか
1部4章 ＬＩＮＥ＠の登場により世はまさに大「ファン抱き」時代へと突入！
2部1章 チャットレディ　なぜ彼女たちはネットで裸を晒すのか？
2部2章 母親はどこまで息子のTwitterを監視しているのか？
3部4章 言葉の壁を越えて「世界」でウケる方法
（「たった1枚のセーターだけで海外デビューを果たした日本人～英国の広告業界は彼に何を教えたのか？～」をもとに再構成）
付録 つぶやきだけで個人を特定できるのか？
オモコロ　http://omocoro.jp/

＊

1部5章　ある日、突然「ネタ画像」としてネットで拡散されるということ
（「伝説のネタ画像『女性専用車両インタビューの女』は今、女性専用車両についてどう思っているのか？」を改題、加筆修正）
ねとらぼ　http://nlab.itmedia.co.jp/

＊

2部4章　本当にキラキラネームは低い文化圏から生まれるのか？　「きららちゃん」が語るキラキラネーム差別
web連載空間ぽこぽこ（2017年現在はサービス提供終了）

＊

1部3章　炎上したらどうなるか？　～経験者が語るネット炎上のメカニズム～
2部3章　アイドルになる夢を潰された高校生は「ゴルスタ」を恨んでいるのか？
3部2章　女がメシをたかりに来るくらいLINEスタンプで儲ける方法
3部3章　ツイッターVSフェイスブック　本当にヤレるSNSはどっちだ？
書き下ろし

セブちゃんの
インターネットことわざ

SNOWの私が本当の私

どんなブスでも可愛く加工してくれるアプリ「SNOW」を多用しすぎると、本当の自分がどんな顔だったのかを忘れてしまい、SNOWに写った自分こそが本当の自分だと思い込んでしまう。SNS経由で知り合った男性と会う時に「写真と全然違うじゃん!」と言われるのが怖くて、写真が加工できるインターネットの世界から一切出てこなくなってしまう……。そんな悲しいお話が転じて、人間こうなってしまったら終わりという意味の格言となった。

付録

まだ見ぬ君へ

つぶやきだけで個人を特定できるのか？

Twitter 実験

みなさんはTwitterでどんなつぶやきをしていますか？

おそらく、今日の予定をつぶやいたり、ランチの写真をアップしたり、あなたの「今」を仲の良い友だちに向けてつぶやいていることでしょう。しかし、本当にそのツイートはあなたの友だちだけが見ているのでしょうか？　もし、知らない誰かにあなたのつぶやきを覗かれていたとしたら……？

つぶやいた内容を手掛かりに個人を特定されてしまうかもしれませんよ!?

今回は、そんな個人情報垂れ流し社会に警鐘を鳴らす実験をおこないます!!

ヤマダ電機LABIの袋を持った人を特定できるのか?

休日の昼下がりの渋谷では、驚くべきことに**最大で1分間に30件の「渋谷なう」**がつぶやかれていました。そんな「渋谷なう」を1件1件こまめに調べていくうちにこんなツイートを発見しました。

13:00

渋谷なう。次はLABI

20分前のツイート

ポイントでお買い上げ〜☆ 次はディズニーストア!
順番間違ったな笑

3分前のツイート

ルール

渋谷なう　検索

1. Twitterの検索機能を使って「渋谷なう」とつぶやいているアカウントを探します。

2. 「渋谷なう」の検索結果をもとに、さらに詳細な個人情報を垂れ流しているアカウントを割り出します。

3. そのアカウントのつぶやきをこっそり監視して、個人を特定し、実際に捕まえるために**ハンター(セブ山)**が渋谷の街を走り回ります。

ハンター(セブ山)が**個人情報を垂れ流しているアカウント(逃走者)**を見事に捕まえることができたら実験成功です。はたして、つぶやきだけで個人を特定することはできるのでしょうか?

それでは実験スタートです!

上記の2つのツイートから考えられるのは、**ヤマダ電機LABIの袋を持ってディズニーストアにいる人物**こそが、このアカウントである可能性が高いということではないでしょうか？

本当にディズニーストア内にヤマダ電機LABIの袋を持った人はいるのでしょうか？　店内を撮影するわけにはいかないので、ハンター（セブ山）ひとりで店内を探索中！

う～ん、店内にそれらしき人物はいませんでした……。おかしい……。もう一度、逃走者のつぶやきを確認してみます。

逃走者はディズニーストアにいるぞー！
いそげいそげいそげー！

着きました！

特に買わずにロフトへ～

4分前のツイート

うわー！すでに別の場所に移動してたー!!
でも、ロフトはここから近いぞ!!

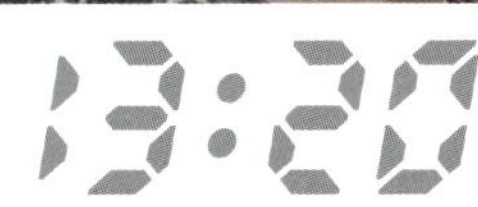

というわけでロフトに移動しました！　ディズニーストアとロフトは目と鼻の先なので、まだこの中に逃走者が潜んでいるはず！

今度こそ必ず見つけ出してやる!!
何がなんでも絶対に!!
意地でも見つけてやるぞ!!!

買い物終わったから帰るよ-

2分前のツイート

あー、帰っちゃった

無理でした。ロフト、広すぎ。

1人目失敗
個人特定ならず……。

カフェでランチ中の女性を特定できるのか？

本当にTwitterのつぶやきだけで個人を特定することなどできるのだろうか？　一気に、先行き不安になってきました……。

しかし、弱音を吐いて立ち止まるわけにはいかないので再度「渋谷なう」で検索をかけます。すると、今度はこんなつぶやきを発見しました。

「渋谷なう」だけならほかの大多数と変わりませんが、**なんと、このつぶやきには**

2枚の写真が添付されていたのです！

写真を見るかぎり、どうやら**「atticroom」というのはカフェの名前**っぽいですね。ということは、このお店に行って**写真と同じ風景が見える席に座っていて、写真と同じ料理を食べている人がこのアカウント**ということなのでは？

13:30

atticroomなう(´▽｀)ノin渋谷♡

3分前のツイート

1枚目は、飲食店の店内っぽい写真

2枚目は、美味しそうな食べ物の写真

しかし、ここで**緊急事態発生！**

4階にあるカフェに行くために階段をのぼっていたのですが、途中でひとりの女性とすれ違いました。すると、撮影のために同行していたオモコロスタッフ山口がこう言ったのです。

山口「今、すれ違った女の子ってもしかしてTwitterアカウントの人じゃない!?」

どけどけどけーい! ハンター様のお通りだーい!

ありました! attic room!
さっそく店内に潜入してみましょう!

なぜ山口がこんなことを言ったのかというと、実は追っている Twitter アカウントはアイコンが本人画像なのです。

ものすごくアップなので顔の全体はわからないものの、目元と眉毛と前髪はバッチリ確認できます。

山口が言うには**「さっき階段ですれ違った女の子の雰囲気が、このアイコンに酷似していた」**らしいのです。

というわけで店内潜入はやめて、急遽、さっき階段ですれ違った女の子を追いかけます！

はたして、吉とでるか凶とでるか!?

セブ山　すみません、ちょっといいですか？

逃走者　え、あ、はい……。

セブ山　○○○さん（Twitterアカウント名）ですよね？

逃走者　えっ!?

セブ山　ちがいますか？

逃走者　………。（セブ山のことをじろじろ見ながら）……そうです、○○○（Twitterアカウント）です。

Twitterで個人情報を垂れ流していた逃走者を確保

セブ山　**特定した――――!!!**

個人を特定された匿名女性のコメント

「いきなり声をかけられてびっくりしました。なんで、この人は私の名前を知ってるの!?ってパニックになりました。すごく怖かったので、今後は個人情報を含むつぶやきはひかえようと思います。あと、アイコンも変えます！」

●こんな人は個人を特定されやすい

Twitterアイコンを本人画像にしている。

位置情報ゲームfoursquareを使っている人は特定できるのか？

1人捕まえることができたので、この勢いに乗ってじゃんじゃん個人を特定してやりましょう!!

たくさん「渋谷なう」を検索しているうちに、あることに気づきました。**位置情報サービスを使ったアプリ**で遊んでいる人が、けっこう多いのです。

中でも、foursquareというアプリはご丁寧に今いる場所の地図まで表示してくれているのです。位置情報サービスを使い、ほかのユーザと国盗り合戦のような遊びができるアプリらしいのですが、ツイートをこっそり覗き見るハンターにとっては、仕事が捗る最高のツールですね。

foursquareを使ってつぶやいたツイートには必ず「4sq.com」というURLが含まれます。つまり、4sqで検索すると……。

まだまだ行くぜぇぇぇぇ――――!!

こういうつぶやきががんがんヒットするわけです。

確保に向かいます！

フットサル場に着きました。しかし、たくさんの人がいて誰が逃走者なのかわかりません。

でも、心配無用。なんと、この逃走者は**プロフィール欄に身体的な特徴までしっかり明記しています。**

あ、いたぞ！　あの人だ！　絶対あの人だ！

セブ山　すみません、ちょっといいですか？

逃走者　え、はい、なんですか？

セブ山　あなたは△△△さん（Twitterアカウント名）ですよね？

フォロー

昼飯なう。(@ 光醤らーめん 渋谷店)
4sq.com/A

foursquare

Keep up with !
Add him as a friend on foursquare.

光醤らーめん 渋谷店

道玄坂2-7-4
渋谷区, 東京都

ADD TO MY TO-DO LIST

15分前のツイート

そうか、さっきまでこの人は
ここでラーメンを食っていたのか

2分前のツイート

光醤ラーメンを食べた逃走者は
アディダスのフットサル場に移動した模様！

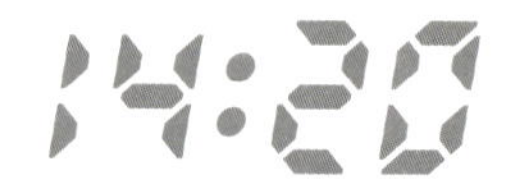

逃走者　え！　そうですけど、なんで知ってるんですか!?

セブ山　お昼はラーメンを食べましたよね？

逃走者　えー！　怖ぇ！　あなたは一体、誰なんですか!?

セブ山　ハンターです。

逃走者　は？

セブ山　ハンターです。

逃走者　超怖ぇーよー!!!

セブ山　あなたを確保します。

え〜と、身長が180cmってことは背が高い人を探せば……

Twitterで個人情報を垂れ流していた逃走者を確保

個人を特定された匿名男性のコメント

「めちゃくちゃ怖かったです。もう金輪際、個人情報を含むつぶやきはしません。っていうかもうTwitterもしません。やめます。もうこんな恐怖は味わいたくないから……」

●こんな人は個人を特定されやすい！

プロフィール欄に身体的な特徴を掲載している。

というわけで、実験結果はこちら。

●実験結果

つぶやきだけで個人を特定することは十分可能!!!

わずか1時間半で2人も特定することができました。

ということは……

もしかすると……

あなたのつぶやきも知らない誰かに覗かれているかもしれませんよ……。

くれぐれもお気をつけください……。

編集後記

この記事は、僕がこれまでに書いたもののなかでもっとも拡散され、あちこちの学校の「情報リテラシー」の授業で、参考記事として紹介していただいたみたいです。

「みたいです」と書いたのは、「この記事を教材として使っていいですか?」という連絡は、僕のもとに1本もなかったからです。ではなぜ、「情報リテラシー」の授業で使われていたのを知ったのかといいますと、「セブ山」でエゴサーチとすると「情報リテラシーの授業でセブ山の記事出てきてワロタ」「ちょwww授業にセブ山の記事出てきたwww」といったツイートがヒットして、自分の記事が使われていたことをそこで知ったんです。「インターネットになんでもかんでも書き込むのはやめましょう」と教える授業のことを、なんでもかんでも書き込んでいるヤツのおかげで気づく、とは皮肉な話ですね。

そんなことはさておき、この記事には公開当初、「めっちゃ怖い！」「気をつけようと思った！」という感想がたくさん届きました。インターネットの怖さ、なんでもかんでも書き込むことの危うさ、を伝えられればいいなと思っていたので、狙いどおりの反響があって、とてもうれしかったです。

しかし、なかには「これって何が怖いの？」「個人とTwitterアカウントが紐づけられて何が困るの？」「街中で急に○○さんですよねって話しかけられても、オイラならそのまま一緒に飲みに行っちまうぜ！」という意見も、それなりの数ありました。「いや、お前ら、物事の先を読めないのか。バカ」と思いましたが、その先のことを書けていなかった僕が悪い。なので、ここではその補足をさせていただきます。

まず、「あなたが今どこにいるのか」「あなたがどこの誰なのか」がわかったら、あなたがひとりになるのを待ちぶせすることもできるし、確実に留守の時間を知ること（そして、その時間帯に家に侵入すること）もできます。今回の記事のケースで言えば、街中で特定したあなたをずっと尾行して、あなたの自宅を特定することもできます。

どうですか？　少しは、何が怖いのかわかっていただけましたか？

ここから書くことは誰にも言っていない話なのですが、「つぶやきだけで個人を特定できるのか？」の記事がたくさん拡散されて、当時の僕は気を良くしていました。海外サイトで翻訳されたりもして、さらにそこでも数千リツイートされたりして、「これは、第2弾も書かないとな」と思っていました。

「つぶやきだけで個人を特定できるのか？」の第2弾として、僕が考えたのは「1枚の写真から自宅を特定できるのか?」でした。引っ越しシーズンに「新居」「窓から」で検索すると、新居の窓から見える風景をTwitter上にアップしている人はチラホラいます。その「新居の窓から見える風景」の写真を手掛かりに、自宅を特定してやろうと考えたのです。「これからがんばるぞ!」と前向きなツイートをしているヤツを、地獄に突き落としてやろうと思って、がんばって片っ端から調査しました。

その写真だけではわからなくても、前後のツイート内容を見ると最寄り駅や、よく乗る路線のことが書かれていたりします。もっと言うと「近くに○○(チェーン店のお店の名前)があった!」「マンションの1階が○○(コンビニの名前)だから超便利!」など、近所の情報があれば、だいたいの住所はわかってしまいます。それらの情報を総合して、先ほどの「窓からの見える風景」を合わせれば、ほぼ間違いなく自宅が特定できてしまうのです。

結果から言うと、とある有名大学に通う大学1年生の女の子の、ひとり暮らしの自宅をほぼ特定できました。「ほぼ」がついているのは、その部屋がマンションの何階かがわからなくて、あとは現地に行って、写真と照らし合わせながら、階数を特定するだけだったからです。

99%、ジャニーズ好きのその女の子の自宅は特定できました。(ジャニーズ好きだというのもTwitterから得た情報です)「よし! これでTwitterの情報だけで自宅を特定することは可能だと証明できたぞ!」と喜んだのですが、でも、よくよく考えているうちに「俺は一体何をしているんだ?」ということに気づき始めました。

この記事の最後は、実際にその女の子の家のインターホンを押して、「はい? どちらさまですか?」と出てきた女の子に「○○さん(TwitterのID名)ですよね? ネット上に個人情報をばら撒いたら危ないですよ」と注意してあげる……というところまで構想を練っていたのですが、これってよく考えると、めちゃくちゃ怖いだろうな、と。

もし自分が女の子だとして、ある日いきなり知らないおじさんがやってきて、インターホンの画面越しに「でへへ、ネット上に個人情報をばら撒いたら……危ないよぉぉぉ！！！！（にたぁ〜）」って汚い笑顔を見せられたら……。いつもジャニーズの素敵な笑顔を見ている女の子は恐怖と嫌悪感で気が狂うだろうなと思ったので、特定はほぼ完了していたんですが、途中でやめました。

やめて良かったです。

実行していたら、何かしらの罪に問われていたかもしれません。

まあでも、こっちは何かを盗み見たりしたわけでなく、「世界中に公開された情報」だけしか見てないわけですから、何も悪くないんですけどね。

長くなりましたが、つまり、何を言いたいのかといいますと、Twitterに投稿した内容は数人のフォロワー（友だち）しか見ていないわけではなく、「全世界の誰もが見られる」ということを忘れないでください、ということです。

そんなわけで、くれぐれもお気をつけください！

（おわり）

……余談ですが、自宅を特定したその女の子は、無事に単位が取れて、この春、3年生に進級できるみたいです。えらいね、がんばってるね。

い つ も み て る よ

インターネット文化人類学

2017年2月19日　第1刷発行

著者　セブ山

編集　藤岡美玲

営業　田中太

発行者　北尾修一

発行所　株式会社太田出版

ホームページ　http://www.ohtabooks.com/

〒160-8571

東京都新宿区愛住町22　第3山田ビル4F

☎03-3359-6262

振替　00120-6-162166

印刷・製本　シナノ印刷

ISBN978-4-7783-1558-0 C0095